"十三五"国家重点图书出版规划项目
中国特色畜禽遗传资源保护与利用丛书

八　眉　猪

庞卫军　主编

中国农业出版社
北　京

图书在版编目（CIP）数据

八眉猪/庞卫军主编．—北京：中国农业出版社，2019.12
（中国特色畜禽遗传资源保护与利用丛书）
国家出版基金项目
ISBN 978-7-109-26016-0

Ⅰ．①八…　Ⅱ．①庞…　Ⅲ．①养猪学　Ⅳ．①S828

中国版本图书馆 CIP 数据核字（2019）第 223533 号

内容提要：本书以现代八眉猪保种和利用为出发点，结合大量的图表资料，从八眉猪品种起源与形成过程、品种特征和性能、品种保护、品种繁育、营养需要与常用饲料、饲养管理技术、猪群保健与疾病控制、养殖场建设与环境控制及开发利用与品牌建设九个方面介绍了八眉猪保种与生产实用技术、发展趋势和经验。本书的突出特点是系统介绍我国西北地区肉质优异地方品种八眉猪的保护和利用，汇集了当地生猪产业一流研究团队、保种场技术人员和企业多年的研究成果和经验，注重理论与实践相结合，创新性、实用性和操作性强，既可供绿色生态生猪养殖管理和技术人员阅读参考，也可为农业院校师生了解现代优秀地方猪品种提供极其有价值的参考资料。

中国农业出版社出版
地址：北京市朝阳区麦子店街 18 号楼
邮编：100125
责任编辑：刘　伟
版式设计：杨　婧　　责任校对：沙凯霖
印刷：北京通州皇家印刷厂
版次：2019 年 12 月第 1 版
印次：2019 年 12 月北京第 1 次印刷
发行：新华书店北京发行所
开本：720mm×960mm　1/16
印张：14.5
字数：240 千字
定价：98.00 元

丛书编委会

本书编写人员

主　编　庞卫军

副主编　吴国芳　姜天团

参　编　于太永　褚瑰燕　蔡　瑞　孙敬春　肖锦红

审　稿　杨公社　刘剑锋

出版说明

我国是世界上畜禽遗传资源最为丰富的国家之一。多样化的地理生态环境、长期的自然选择和人工选育，造就了众多体型外貌各异、经济性状各具特色的畜禽遗传资源。入选《中国畜禽遗传资源志》的地方畜禽品种达500多个、自主培育品种达100多个，保护、利用好我国畜禽遗传资源是一项宏伟的事业。

国以农为本，农以种为先。习近平总书记高度重视种业的安全与发展问题，曾在多个场合反复强调，“要下决心把民族种业搞上去，抓紧培育具有自主知识产权的优良品种，从源头上保障国家粮食安全”。近年来，我国畜禽遗传资源保护与利用工作加快推进，成效斐然：完成了新中国成立以来第二次全国畜禽遗传资源调查；颁布实施了《中华人民共和国畜牧法》及配套规章；发布了国家级、省级畜禽遗传资源保护名录；资源保护条件能力建设不断提升，支持建设了一大批保种场、保护区和基因库；种质创制推陈出新，培育出一批生产性能优越、市场广泛认可的畜禽新品种和配套系，取得了显著的经济效益和社会效益，为畜牧业发展和农牧民脱贫增收作出了重要贡献。然而，目前我国系统、全面地介绍单一地方畜禽遗传资源的出版物极少，这与我国作为世界畜禽遗传资源大国的地位极不相称，不利于优良地方畜禽遗传资源的合理保护和科学开发利用，也不利于加快推进现代畜禽种业建设。

为普及对畜禽遗传资源保护与开发利用的技术指导，助力做大做强优势特色畜牧产业，抢占种质科技的战略制高点，在农业农村部种业管理司领导下，由全国畜牧总站策划、中国农业出版社出版了这套“中国特色畜禽遗传资源保护与利用丛书”。该丛书立足于全国畜禽遗传资源保护与利用工作的宏观布局，组织以国家畜禽遗传资源委员会专家、各地方畜禽品种保护与利用从业专家为主体的作者队伍，以每个畜禽品种作为独立分册，收集汇编了各品种在管、产、学、研、用等相关行业中积累形成的数据和资料，集中展现了畜禽遗传资源领域最新的科技知识、实践经验、技术进展与成果。该丛书覆盖面广、内容丰富、权威性高、实用性强，既可为加强畜禽遗传资源保护、促进资源开发利用、制定产业发展相关规划等提供科学依据，也可作为广大畜牧从业者、科研教学工作者的作业指导书和参考工具书，学术与实用价值兼备。

丛书编委会

2019年12月

序言

我国是世界畜禽遗传资源大国，具有数量众多、各具特色的畜禽遗传资源。这些丰富的畜禽遗传资源是畜禽育种事业和畜牧业持续健康发展的物质基础，是国家食物安全和经济产业安全的重要保障。

随着经济社会的发展，人们对畜禽遗传资源认识的深入，特色畜禽遗传资源的保护与开发利用日益受到国家重视和全社会关注。切实做好畜禽遗传资源保护与利用，进一步发挥我国特色畜禽遗传资源在育种事业和畜牧业生产中的作用，还需要科学系统的技术支持。

“中国特色畜禽遗传资源保护与利用丛书”是一套系统总结、翔实阐述我国优良畜禽遗传资源的科技著作。丛书选取一批特性突出、研究深入、开发成效明显、对促进地方经济发展意义重大的地方畜禽品种和自主培育品种，以每个品种作为独立分册，系统全面地介绍了品种的历史渊源、特征特性、保种选育、营养需要、饲养管理、疫病防治、利用开发、品牌建设等内容，有些品种还附录了相关标准与技术规范、产业化开发模式等资料。丛书可为大专院校、科研单位和畜牧从业者提供有益学习和参考，对于进一步加强畜禽遗传资源保护，促进资源可持续利用，加快现代畜禽种业建设，助力特色畜牧业发展等都具有重要价值。

中国科学院院士
中国农业大学教授 吴常信

2019 年 12 月

前言

加强地方猪品种遗传资源保护和利用是一项意义重大的工作，有利于保持猪品种多样性，促进养猪业可持续发展。这些劳动人民千百年驯养和选育的猪品种，对当地生态环境和饲养条件有很好的适应能力并具有其特定的经济性状（如肉质佳、产仔数多和抗逆性强等），更适宜当地养殖户规模饲养。

八眉猪的选育历史非常悠久，在1 000多年前的唐代，已形成了与其体态近似的品种。该品种被毛黑色，头狭长，耳大下垂，额有纵行“八”字皱纹，故名八眉，属脂肪型品种，以肉质好和抗逆性强而闻名，其中心产区在陕西泾河流域、甘肃陇东、宁夏固原和青海河湟谷地等地区。尽管1986年出版的《中国猪品种志》，2010年出版的《中国西北重要地方畜禽遗传资源》和2011年出版的《中国畜禽遗传资源志·猪志》对八眉猪均有简要介绍，但已远远不能满足生态绿色养猪产业发展的需要，因此亟待系统编撰一部关于八眉猪遗传资源保护与利用的书籍。在此情况下，西北农林科技大学承担了“中国特色畜禽遗传资源保护与利用丛书”《八眉猪》一书的编写工作。本书从八眉猪品种起源与形成过程、品种特征和性能、品种保护、品种繁育、营养需要与常用饲料、饲养管理技术、猪群保健与疾病控制、养殖场建设与环境控制及开发利用与品牌建设九个方面介绍八眉猪生产实用技术、发展趋势和经验，提出合理的饲养管理方式，用以提高生产水平和经济效益，特别对生态养猪企业和西北地区广大农村养猪户的养猪生产具有重要的指导意义。全书内容丰富，叙述简明，文字通俗易懂，方法具体，技术和经验易学、易做、实用，可作为一本地方特色猪健康饲养技术参考书，供养猪企业及保种单位技术人员、乡镇干部和基层农技员阅读。

本书由西北农林科技大学庞卫军、褚瑰燕和于太永3位教师，蔡瑞、孙敬春和肖锦红3位博士生，以及甘肃农业大学姜天团和青海大学吴国芳2位教师，历时1年共同编写完成。5名教师均为博士，其中正高1人、副高1人、中级3人，均具有多年从事生猪产业科研和技术推广的丰富经历。该书的顺利完成也得到陕西省国家级八眉猪保种场定边县种猪场、青海省国家级八眉猪保种场互助县种猪场、甘肃省灵台县八眉猪保种场及技术人员，西北农林科技大学任志强、贺昭昭和邵勇维克硕士等单位和个人的支持和帮助。在此，尤其要感谢西北农林科技大学资深养猪专家杨公社教授在繁忙的工作中抽出宝贵时间审阅本书。这种科研教学型教师“老、中、青”的三结合，“教师、研究生、当地畜牧技术人员”的三结合，以及“大学、保种场、企业”的三结合，是编者完成编撰任务强有力的保证。

由于时间、条件和编写水平有限，书中难免存在某些不足或错误之处，敬请广大读者批评指正，以便今后加以改进和完善。

编　者

2019年5月

出版说明
序言
前言

目录

第一章
品种起源与形成过程

八眉猪又称泾川猪或西猪，是华北型地方猪种之一。八眉猪头狭长，耳大下垂，额有纵行“八”字皱纹，故名八眉。根据体型大小可分为大八眉、二八眉和小伙猪三种类型，二八眉是介于大八眉与小伙猪之间的中间类型。根据产区和分布区域可分为陕西八眉猪、甘肃八眉猪和青海八眉猪。

本章将在论述八眉猪产区自然生态条件和社会经济变迁的基础上，阐述八眉猪起源、形成过程、目前群体数量和分布范围。

第一节　产区自然生态条件

品种的起源和形成与其产地特有的自然生态条件密切相关。本节就八眉猪核心产区的地理位置、地形地貌、气候条件、水源与土质、土地利用情况、农业生产特点和植被与生态环境情况进行详尽的论述，以便加深对八眉猪的起源和特性形成的理解。

一、原产地和分布

八眉猪中心产区原来在陕西省泾河流域（长武县、彬州市、旬邑县、永寿县一带）、甘肃省陇东（灵台县）、青海省互助土族自治县和宁夏回族自治区的固原市。八眉猪在陕西省原来主要分布于榆林、延安两地区和秦岭山区，现在主要分布于榆林市定边县；在甘肃省原来主要分布于陇东黄土高原区的灵台县、华亭市、泾川县、静宁县、庄浪县、合水县、正宁县、陇南市及甘肃中部地区，现仅分布于灵台；在青海省主要分布于湟水流域的互助土族自治县、湟中县和大通县。此外，在新疆维吾尔自治区和内蒙古自治区亦有少量分布。

由于八眉猪的产区范围较广，几乎涉及西北陕、甘、青、宁四省（自治区）；加之受到外来引入品种的冲击，与40年前相比八眉猪数量骤减，中心产区和分布范围变化较大。关于产区自然生态条件和产区社会经济变迁的论述，本书仅选取八眉猪的核心产区和分布区——定边县、灵台县和互助土族自治县作为产区的代表进行阐述。

二、产区自然生态条件

（一）地理位置

定边县地处陕西省西北角、榆林市最西端，位于东经107°15～108°22′，北纬36°49′～37°53′。东至东南与本省靖边县、吴起县相连；南至西南与甘肃省华池县、环县相接：西与宁夏回族自治区盐池县毗邻，北至东北与内蒙古自治区鄂托克前旗、乌审旗相邻，系陕西、甘肃、宁夏、内蒙古四省（自治区）交界地。

灵台县位于甘肃省陇东黄土高原南缘，地势西北高、东南低，地处东经107°00′～107°57′，北纬34°54′～35°14′。东南与陕西省长武县、彬州市、麟游县、千阳县、陇县接壤，西北与本省崇信县、泾川县毗邻。

互助土族自治县位于青海省东部、海东市北部，东经101°95′，北纬36°84′。北倚祁连山脉达坂山，与海北藏族自治州门源回族自治县相接，东北与甘肃省天祝藏族自治县和永登县毗邻，东南与海东市乐都区接壤，南以湟水为界，与海东市平安区相望，西靠大通回族土族自治县，西南与省会西宁市相接。

该区域较高海拔和相对低氧的环境，使八眉猪形成了耐低氧的特性。

（二）地形地貌

定边县是黄土高原与内蒙古鄂尔多斯荒漠草原过渡地带，县境地域辽阔，南北长118km，东西宽98km，总面积6 920km^2。全县海拔1 303～1 907m。中部白于山横贯东西，辐射南北，将全县分为两大地貌类型：南部为白于山区丘陵沟壑区，占总面积的52.78%；北部为毛乌素沙漠南缘风沙滩区，占总面积的47.22%。

灵台县位于陇东黄土高原南缘，属黄土高原沟壑区。境内有一塬（什字塬）一山（南部山）两道川（达溪河、黑河川），全境东西长78km，南北宽

40km，总面积 2 038km^2。地势西北高、东南低，全境除西部基岩隆起外，其余塬区及丘陵梁峁地带全被第四纪黄土覆盖，按地貌可分为残塬、丘陵、川台三大类型，海拔为 890～1 520m。

互助土族自治县东西长 86km，南北宽 64km，总面积 3 321km^2。县境内大板山脉的青石岭自西北向东南贯穿全境，把全县自然地分为两大地形单元，一般习惯称巴扎和加定藏族乡为北山或后山；把青石岭西南部分统称为前山。县境南端是海拔 2 100m 的湟水河谷盆地，向北是海拔 2 400～3 500m 的丘陵、中高山，中北部是海拔 4 242～4 374m 高矗的龙王山、仙米达坂山和东砚山，高差达 2 274m。

以上地形和地貌，造就了八眉猪善于奔跑的习性和健壮的体格，增强了其抵御疾病的能力。

（三）气候条件

定边县属温带半干旱大陆性季风气候，主要特点是：春多风、夏干旱、秋阴雨、冬严寒，日照充足，雨季迟且雨量年际变化大，年平均气温 7.9℃，年平均日照 2 743.3h，年平均降水量 316.9mm，年平均无霜期 141d 左右，绝对无霜期 110d。

灵台县属于半干旱大陆性气候，年平均气温 8.6℃，最高气温 35.8℃，最低气温−23.2℃。年平均降水量 654.4mm，降水分布不均匀，7、8 、9 三个月降水量占全年降水量的 55.5%。年平均日照总时数 2 453h，大于或等于 10℃的积温 2 804℃，全年平均无霜期 159d。

互助土族自治县属于温带大陆性气候，干旱少雨。由于地形复杂，温差悬殊，热量资源水平分布不均衡，垂直地带差异十分明显，气温分布总的趋势是由北往南随着海拔高度的降低而增高。年平均气温 3.4℃，各月平均气温日差 14.4℃，各月平均气温年差 25.4℃。年平均日照总时数 2 521.7h，年平均降水量 537.2mm，历年全县无霜期平均 112d。

西北高原地区严寒的气候，使八眉猪形成了抗寒的特性。

（四）水源与土质

定边县境内河流有十字河、安川河、石涝河、新安边河、红柳河、八里河（内流河），均发源于白于山区。黄土层深厚，宜耕性强，能满足作物一年一熟

的要求。

灵台县境内达溪河、黑河两条主要河流均系泾河水系，流向自西向东，全流程 223.2km，集水面积 1 979km²，年均径流量 2.42 亿 m³，其中自产径流 1.175 亿 m³。土壤以黄土为主。

互助土族自治县境内河流有湟水、大通河、沙塘沟河、哈拉直沟河、红崖子沟河、下圈河马沟。县境内土壤资源丰富，土类、土种繁多。根据 1980 年土壤普查，共有 11 个土类，3 个亚类，35 个土属，73 个土种。

洁净的水质和土壤，保证了八眉猪饮食的清洁性和安全性，为八眉猪优良肉品质的形成奠定了坚定的物质基础。

（五）土地利用情况

定边县土地资源丰富，是陕西省地广人稀的大县之一，全县人均土地 2.80hm²，比全省人均 0.63hm² 高出 3.4 倍，比全国人均 0.80hm² 高出 2.5 倍。按现有耕地面积 190 000hm²，全县人均耕地面积 42hm²，也大大超过全省和全国人均水平。全县总土地面积中种植业适宜地占 28.03%，林草适宜地占 54.39%。

灵台全县耕地面积 46 833hm²，其中水地面积 2 353hm²，旱地 44 480 hm²，农民人均耕地 0.29hm²。林草保存面积 43 733hm²，森林覆盖率 33%。淡水面积 400hm²，其中河流面积 320hm²，已利用淡水面积 80hm²。低洼荒地面积 1 433hm²，可供开发利用面积 1 300 hm²，其中宜渔荒地面积 700hm²。

互助土族自治县土地总面积 34.24 万 hm²。耕地以山旱地为主，占 73%，水浇地只有 27%，靠天吃饭情况比较严重。土地资源状态按自然形态分：高山地带占全县面积的 63.0%，中山地带为 7.3%，低山丘陵地带为 22.7%，河谷地带为 7.0%。

（六）农业生产特点

定边县生物资源中畜牧业资源较为丰富，是全国重要的畜牧业基地县之一。家畜、家禽有牛、驴、骡、马、羊、猪、兔、鸡等。其中猪年存栏 50 000 头。植物资源中，粮油作物主要有荞麦、马铃薯、小米、豌豆、黑豆、糜子、小麦、玉米、胡麻、芸芥和油葵等。年产食用油 10 000t 左右，其中商品油占 1/3，素有西北“油海”之称。近年来，新兴的辣椒产业成为县域新的经济增长点。北滩蔬菜基地已通过国家无公害蔬菜基地认证，“一定”牌辣椒销往全国十几个省（直辖市、自治区）。

灵台县农业生产初步形成了草畜、林果、药材三大支柱产业。县域内物种丰富，动、植物资源品种繁多。植物有乔木、灌木、经济林木，乔木以白桦、柳树、核桃、梨树、杜梨树等树种为主，灌木以酸刺、酸枣、狼牙刺、枸子、木瓜、山楂、山桃等树种为主。经济林木以山杏、核桃、桃子、李子、梨为主。主要栽植农作物有小麦、玉米、胡麻、果品、蔬菜等。家畜、家禽有牛、马、羊、猪、鸡等。地产中药材达 8 类 120 多种，土特产以中华甲鱼、牛心杏最负盛名。

互助土族自治县是青海省生猪、羊、蛋禽生产大县之一，生猪、雏鸡、仔猪是互助土族自治县畜牧业的支柱产品。互助土族自治县是互助八眉猪的中心产区，建有良种仔猪繁殖场和互助八眉猪保护场，是国家土种猪资源保护的定点场。全县有耕地 7 万 hm^2，农作物以小麦、青稞、蚕豆、洋芋、油菜为主；有 106 667hm^2可利用天然草场，森林面积 130 667hm^2，木材蓄积量名列青海省第二。

产区多样的农作物及其副产品，为八眉猪提供了丰富的食物来源，形成了其食性广泛的优良特性。

（七）植被与生态环境情况

定边县自国家实施退耕还林的政策以来，通过大力实施封山禁牧，舍饲养畜，当地生态环境建设取得了显著的成绩。目前林草面积已达 99.3hm^2，林草覆盖率由原来的 1.8%提高到 39.8%。100 000hm^2农田实现了林网化，恢复和改良草场 153 000hm^2，沙区初步治理度达到 69.1%，沙区群众人均占有粮超过 500kg，为进一步搞好生态环境建设打下了坚实的基础。

灵台县以国家实施退耕还林为契机，坚持生态环境建设与农村产业开发、农民脱贫致富、区域经济发展相结合，初步建立了比较完备的生态防护林体系。多年来，全县累计完成退耕还林（草）7 200hm^2。通过实施退耕还林工程，全县营造以刺槐、侧柏、油松为主的生态防护林 5 467hm^2，建成以酥梨、仁用杏、花椒等为主的果树经济林 1 733hm^2。目前，全县造林保存面积累计达 81 733hm^2，森林覆盖率达 44.3%。

互助土族自治县多年来由于粗放的生产、生活方式和恶劣的自然条件，使当地生态环境日益恶化，严重的水土流失使当地生态环境恶化趋势加剧，土壤肥力下降，直接威胁到当地群众生产生活。近年来，随着西部大开发战略的进一步推进，生态环境已经成为经济发展的一个重要因素，为了加快互助土族自治县水土流失治理步伐，改善群众生存环境，促进地方经济的可持续发展，青海省加快了对互助土族自治县的生态改造。从2000年至今，完成坡耕地水土综合整治1 100hm^2，基本农田改造1 297hm^2，营造水土保持林5 566hm^2，种草3 096hm^2，修筑石谷坊100座，修筑雨水集流水窖4 600眼，建设淤地坝45座，治理水土流失面积1万hm^2，已形成了山、水、林、田、路、窖、渠、库八位一体的综合防护体系，增强了小流域抗御自然灾害的能力。治理后的土地利用率由50%提高到70%，最高的达90%，林草覆盖率由10%增加到40%以上。经过水土保持综合治理的小流域人均产粮达到400kg以上，比治理前提高100kg。

产区植被和生态环境条件的改善，为今后八眉猪遗产资源的开发和利用创造了良好条件。

第二节　产区社会经济变迁

除自然环境和气候条件外，当地的人文结构、经济发展状况、交通条件、消费习惯、文化和饮食习惯等也是影响品种形成的重要因素。本节将从社会、经济和文化等方面，阐述八眉猪形成的背景。

一、人文结构

八眉猪的核心产区——陕西省定边县和甘肃省灵台县，历史悠久，人文荟萃，文化底蕴深厚。在风俗习惯方面也形成了特有的猪文化。

陕西省定边县素有“旱码头”和“三秦要塞”之称，与靖边县、本县安边镇合称“塞上三边”。早在夏、商、西周时期就有原始部落的游牧活动。秦汉时期定边属于新秦的一部分。北魏时设大兴郡，西魏时改称五原郡，后又称盐州。北宋庆历二年（1042年），时任陕西经略安抚招讨使的范仲淹，以“底定边疆”之意取名“定边”。清朝雍正九年（1731年）正式设县（距今287年）。革命战争时期，定边是陕甘宁边区的重要组成部分和三边特委、三边分区机关驻地。灵台县归甘肃省平凉市管辖，远古即有先民生息，商周之际建立古密须国、密国，史有文王伐密筑灵台的记载，灵台因此得名。灵台县人杰地灵，英才辈出，晋代针灸鼻祖皇甫谧，曾开中国针灸医学的先河，以医学宝典《针灸甲乙经》而蜚声古今中外。唐著名宰相牛僧孺，为官清正，著作等身，其《玄怪录》开创我国传奇小说之先河，在古代文学史上享有盛誉。隋代牛弘会写了光照千秋的不朽乐章。唐时皇甫松、牛峤的诗文在我国诗歌史上享有盛誉。现在辖区内民族以汉族居多，占96.7%，少数民族有回族、藏族、满族、苗族、蒙古族等，占3.3%。

陕西省定边县和甘肃省灵台县在结婚的民俗中有送“心头肉”的讲究，也是数十种彩礼中必不可少的一种。在娶亲时或者娶亲的前一天，男方要准备几斤猪肉给女方送去。“心头肉”的选择规矩很多，一般多为新鲜的生猪肋条肉和猪后腿。数量和大小不等，有的送几斤，有的送十几斤甚至四五十斤。有的地方，讲究数字吉利，一般取双数。也有的男方为表达家庭富裕，直接带去一整头猪作为礼物。每当这时，作为地方品种的八眉猪，便是不二的选择。这也形成了婚礼中独特的猪文化。

互助土族自治县是全国唯一的土族自治县，是土族最多、最集中的地方，居民以汉族为主，土族约占总人口的17%，还有藏族、回族、蒙古族、撒拉族等。同时，互助土族自治县也是古代吐谷浑王国的所在地，有一种说法便是现在的土族是吐谷浑王朝先民的后裔。在互助土族自治县历史上，曾出现被著名学者章士钊先生誉为“少数民族难得的女才”的土族女诗人李宜晴（1919—1977年）和民间历史学家、西夏史学家李鸿仪（1897—1972年）。互助土族自治县多元的人文结构，形成了当地人民热情好客的习惯。每当有重要客人来访时，互助土族自治县当地人民就会宰猪杀羊招待客人。其中，用八眉猪制作丰盛的“全猪宴”就是招待客人的重要方式。

二、经济发展

定边县是陕西省一颗璀璨的“塞上明珠”。定边境内石油资源分布较广，已探明储量16.18亿t，是全国石油产能第一大县，中国新能源产业百强县。定边县也是陕西省唯一的湖盐产地，盐田总面积98km²。全县煤炭预测总储量超过400亿t。风能、太阳能等可再生资源优势明显，是全省新能源产业第一大县。近年来，面对经济持续下行、石油财政减收风险增大、经济增长不确定因素增多等形势，定边县坚持“立足于稳、着力于进、重点在变、关键在担当和作为”的应对策略，采取“五抓两统筹”（抓投资主体、抓国家项目指标的争取、抓项目审批、抓工程进度、抓困难问题的解决，加大对宏观经济的分析研判和统筹调度力度、加大目标责任考核的统筹发挥），积极抓好各项工作的落实。2017年全县地区生产总值完成255.32亿元，增长9.5%；全社会固定资产投资完成206.10亿元，增长8.4%，其中县本级完成138.65亿元，增长11.7%；财政总收入完成20.28亿元，地方财政收入完成11.62亿元，分别下降0.7%和11.7%；社会消费品零售总额完成35.8亿，增长8.6%；城镇居民人均可支配收入33 263元，增长7.7%；农村居民人均可支配收入12 885元，增长9.3%，保持了总体平稳、稳中有进的良好态势。

灵台县从县域经济社会发展的自身条件看，主要有五大优势：一是具有广阔的土地资源优势。县内土地面积大，特别是可供投资开发的土地资源丰富。加之山、川、塬兼有的地貌特点，独特的纬度、海拔和气候，无污染的自然环境，为大规模发展优质、高效农业提供了较为理想的自然条件。二是具有丰富的农副产品资源优势。县域内物种丰富，动、植物资源品种繁多，土特产尤为著名，“中华甲鱼”“牛心杏”等地方特产和冬花、甘草等中药材远近闻名。农业生产以草畜、林果、药材为三大支柱产业。三是具有丰富的历史文化资源优势。灵台县历史悠久，境内文化遗址遍布，人文景观荟萃，是世界针灸鼻祖皇甫谧的故里，文化旅游资源丰富，开发前景十分广阔。四是具有充足的劳动力资源优势。全县农村现有63 670多名劳动力，大多具有初中以上文化程度，接受新事物、新观念的能力较强，为今后发展劳动密集型产业提供了充足的劳动力保障。五是具有丰富的煤炭、油气资源。已初步探明，南部山区煤炭储量在10亿t以上，油气资源正在勘探之中。近年来，国民经济快速增长，全县地区生产总值（GDP）126 887万元，其中第一产业增加值54 672万元，第二产业增加值19 701万元，第三产业增加值52 514万元。

近年来，互助土族自治县以互助故土园5A级景区为依托，大力发展休闲农业和乡村旅游，坚持农旅结合、以旅强农，大量农户参与经营，成为当地农民就业增收的新渠道；打造现代农业产业园，为创业创新者提供平台和服务，培训各类人才3 500人次，带动新型农业经营主体从事农产品加工、销售等产业。2017年实现地区生产总值106.4亿元，增长9.5%；固定资产投资153.2亿元，增长15.9%；工业增加值24.2亿元，增长10.5%；地方公共财政预算收入 3.36 亿元，增长 9.7%；社会消费品零售总额 17.7 亿元，增长 9.2%；城镇居民人均可支配收入达 27 800 元，增长 8.5%；农村居民人均可支配收入达 9 810 元，增长 8.6%，主要经济指标增速保持了争先进位的良好势头。

随着国家对农业的重视，对农村和农民问题的关注，以上地区畜牧业发展的水平不断提高，发展速度不断加快。目前，养猪业在当地经济发展中贡献也不断提高。充分开发和利用八眉猪资源，成为当地发展养猪业的重要抓手。

三、交通状况

定边县交通发达。青银高速、307 国道和太中银铁路横穿东西，定铁、定刘张等县乡公路纵跨南北，一横三环九条连接线路网框架全部连通，交通条件全面改善，有力地促进了区域经济发展。2017 年末，县境内等级公路通车里程达 2 798km，其中高速公路 85km，国、省道 162km，县乡村公路 2 551km。正在修建的吴定高速、即将修建的民航 4C 级机场，将全面构筑起定边立体交通网络。

灵台县，在建 S28 灵台至华亭高速公路全长 87.4km，设计速度 80km/h，总投资 132.5 亿元。已竣工的 S203 线马峪口至千阳（水磨至方地口）公路工程投资 2.19 亿元，采用三级公路技术标准，建设路面宽 7 米、设计速度为 30km/h 的公路 21.5km。在建 S320 线彬州市至华亭（灵台段）公路工程，计划投资 4.2 亿元，采用三级公路技术标准，建设路面平均宽度 10 米、设计速度为 40km/h 的公路 107.6km。以上公路的建设，对于优化全县路网结构、改善投资环境、促进经济发展，必将发挥重要作用。

近年来，互助土族自治县交通设施取得重大发展。全县公路总里程达 4 089km，其中省道 4 条 259km，县道 17 条 280km，乡道 51 条 492km，专用公路 55km，村道 3 003km；等级公路 1 148km，其中一级公路 29km，二级公路 67km，三级公路 237km，四级公路 815km；等外路 2 941km。

核心产区原来基础设施不健全，交通不便利，在一定程度上为保持八眉猪种质资源的纯正创造了天然条件。近些年来，随着产区铁路、公路和航空事业的发展，交通设施不断改善，与外界的交流日益便捷。便捷的交通，为八眉猪资源的开发和利用创造了良好条件。

四、畜牧业状况

定边县紧紧围绕建成畜牧大县、强县的目标，2017 年投入资金2 254.6万元，实施了畜牧产业巩固提高项目，大力推进畜牧养殖“规模化、设施化、现代化”，着力提高畜产品的市场竞争力和商品化率，实现了畜牧增效、农民增收。2017 年，全县羊饲养量达 139.37 万只，生猪饲养量达 23.69 万头。全县肉类总产量 19 646t，下降 1.0%；禽蛋产量 5 121t，增长 7.6%；奶类产量 12 220t，增长 6.1%。畜牧业产值达 11.79 亿元，占农林牧渔业总产值的 32.5%，与种植业、劳务输出形成了拉动农民增收的“三驾马车”。

灵台县近年来畜牧业发展迅速。2017 年，大牲畜存栏 11.36 万头（其中牛存栏 11.30 万头），生猪存栏 1.92 万头，羊存栏 3.96 万只，全年肉类总产量 7 935.67t，鲜蛋产量 384.9t。水产品产量 220t。畜牧业已经成为当地农民脱贫致富的重要产业。

互助是国家确定的全国商品量基地县和生态建设示范县，也是青海省主要粮油、生猪、禽蛋生产基地。全县有耕地 7 万 hm^2，主产小麦、青稞、蚕豆、洋芋、油菜等。互助八眉猪肉、互助葱花土鸡、互助白牦牛干是著名的畜产品。

八眉猪已成为定边县、灵台县和互助土族自治县重要的畜产品之一。

五、市场消费状况

定边县消费品市场供需平衡。随着外部消费环境的改善与居民自身购买力的增强，加之投资增长的带动，即期消费进一步增加，消费品市场呈现稳中有升态势。2017 年，全县社会消费品零售总额达 35.80 亿元，增长 9.0%，从行业构成看，批发业实现零售额 9.20 亿元，零售业实现零售额 21.96 亿元，住宿和餐饮业实现零售额 4.64 亿元，分别比上年增长 8.2%、8.9%和 10.9%。零售业占全县消费品零售总额比重大幅提升，成为拉动全县消费持续增长的主力军。

灵台县 2015 年城镇居民总支出人均 16 189 元。其中消费支出 11 419 元，在消费支出中，食品、衣着、生活用品及服务、医疗保险、交通通信、教育文化、居住等项人均支出分别为 2 426 元、1 073 元、449 元、998 元、2 303 元、1 608 元、2 257 元，在食品消费中，平均每人每年消费肉类达到 177 元、蔬菜 254 元、鲜果 264 元，消费水平提升迅速。

2017 年互助土族自治县社会消费品零售总额达 17.7 亿元，比上年度增长 9.2%；城镇居民人均可支配收入达 27 800 元，比上年度增长 8.5%；农村居民人均可支配收入达 9 810 元，比上年度增长 8.6%。

六、文化习惯

边塞文化、黄土文化与草原游牧文化汇聚交融，形成了定边独特的自然人文景观。民歌、说书、剪纸、皮影等非物质文化丰富多彩，被命名为中国民间文化艺术之乡。民歌在定边源远流长，内容丰富，表达形式多样，按类型可分山歌、山曲、酸曲、小曲、革命民歌、酒曲、信天游等，是老百姓喜闻乐见的民间群众文学艺术，生动活泼，颇具地方特色。山歌、山曲也叫小曲，带有爱情色彩的称为酸曲，是民间百姓交流思想情感、表达爱憎好恶的一种特有形式。信天游，歌词多以两句成韵为段，随编随唱，男人在四野、路途放开喉咙高唱，歌声粗犷豪放。妇女们在磨道碾道、窗前灯下唱起来。陕北说书是流行在陕北各县的一种说唱艺术。它曲调优美、流畅，内容丰富、多样，故事情节曲折动人，是深受广大群众喜爱的一种民间说唱艺术。说书艺人俗称“书匠”。定边无评书艺人。说书全用三弦伴奏，故民间也叫弦子书。此外，因剪纸文化，定边素有“中国民间剪纸艺术之乡”的美称。每逢春节，民间多把飞禽走兽及树木花卉等吉祥物绘画成形，附于各种彩色纸上，用小剪剜制，贴于窗格之中以为装饰，俗称“窗花”。因窗花寓意吉祥，且能美化环境，所以年复一年沿用不衰，并时有发展变化。猪在定边文化中占有重要分量，深受民间歌唱家、说书家和剪纸艺术家的喜爱，成为常用艺术素材之一。最具代表性的是，每逢春节时红彤彤的猪剪纸贴于门上或窗户上，寓意来年财源滚滚，幸福美满（图 1-1）。

图 1-1　以八眉猪为素材的剪纸

灵台县民风淳朴，自古崇尚礼仪，素有热情好客的传统。民间、民俗文化也极为丰厚，独特的民间戏剧有木偶戏，制作精美的民间工艺品有宫灯、剪纸、根雕、泥塑、刺绣、香包、麦秆画和皮影等。灵台宫灯起源于明代，初流传民间富豪人家，正月元宵节悬挂于大门楼厅。宫灯起初由民间艺人制作，造型比较单一，明清后，民间艺人不断探索改进，造型也独具特色。主架结构除木材外，出现了用竹子熏烤成多种动物形状，如十二生肖宫灯，在民间盛行。中华人民共和国成立后，随着工业生产水平的不断提高，以铁丝为主要制作材料，宫灯工艺得到进一步提高，在周边地区开始流传。灵台宫灯成为一种独特的民间工艺，远销省内外，很受欢迎。灵台香包刺绣名噪陇上，源远流长。灵台香包，古称香囊，其意蕴，如什字塬黄土般深厚；其源流，同端阳节一样悠长。小小香包，寄托着灵台人民心灵深处的美好夙愿：为老人求寿、男女求婚、儿女求福、家庭求吉、旅途求顺、病者求愈、五谷求丰、生意求利，无不赋予以展现生命、活力，表达思想、信仰，揭示人性、欲望的民俗文化内涵，更具率真而拙巧，古朴而传神，原始而崭新的“陇绣”艺术特色。在宫灯、泥塑、刺绣、香包、麦秆画和皮影（图 1-2）的制作中，猪也往往成为深受人们喜爱的素材。

图 1-2　以八眉猪为素材的皮影

互助土族自治县的土族人民有重礼仪的传统，尤其注重尊敬长者，如路遇相识的老人，要下马问候。土族人热情好客，忠实守信。客人来时，主人常说：“客来了，福来了！”客人在铺有大红羊毛毡的炕上，先敬一杯加青盐的浓茯茶，再端上西瓜般大小的“孔锅馍”。若是贵宾，桌上加摆一个插着酥油花的炒面盆，端上大盘手抓肉块，上插一把五寸刀子，酒壶上系一撮白羊毛。喝酒时，主人先向客人敬酒三杯，称为“上马三杯酒”。土族人民能歌善舞，有丰富多彩的民间文学艺术。民间文学全为口头传诵，其中可以演唱的叙事诗《拉仁布与且门索》已搬上舞台。土族高级喇嘛、僧侣也著书立说。由土族活佛所著的《宗教流派镜史》一书，曾被译成英、德文流传国内外，代表着土、藏两族文化交流频繁。歌曲种类繁多，有“安昭”“花儿”等，分家曲和山歌。曲调都有衬句，而且尾音拖长而下滑，深沉，回味无穷。家曲有赞歌、问答歌、婚礼曲、圆舞曲等。土族居民举行婚礼时，常伴以歌舞等娱乐活动。婚礼舞一般以两个穿着白褐色长衫的领亲人为主，其他人伴唱，舞蹈动作各地不尽相同。另外，土族人的民间刺绣工艺很有名。图案讲究，花鸟兽石，美观大方，朴素耐久。通常有“五瓣梅”“石榴花”“云纹花”“寒雀探梅”“孔雀戏牡丹”“狮子滚绣球”等。精美的刺绣是土族妇女的创造，也是土族传统文化的一个引人注目的标志。猪也常被作为精美图案，刺绣于衣服或饰物之上。

七、饮食习惯

灵台县既代表黄土高原饮食风格、又继承了北方饮食特色，融汇了三秦饮食文化。代表性的特色小吃有凉皮、槐花蒸饭、手工长面、炸油饼、烧饼、酥肉、羊肉泡、小笼包、炒菜米饭以及各种杂粮稀饭。其中，灵台长面独树一帜。灵台长面的做法很特别，在没有食用碱之前，妇女们在秋季将收割回来的荞麦秆晾干烧成灰，在和面的时候取出一些注入清水，用澄清的灰水调成面团，再擀成薄片，然后折叠起来，用特制的刀犁成细条。宽的像韭叶，称为宽面。细的像头发丝，称为细面。在细面中又分大细和二细。长面因吃法不同而有不同的名字，用酸汤做调料的长面叫“酸汤面”，用猪肉（大肉）臊子做调料的叫“臊子面”，用杂酱做调料的叫“杂酱面”。过寿时吃的长面叫“长寿面”，正月初七吃的长面叫“拉魂面”，结婚时吃的面叫“试刀面”。说起灵台长面，以细、香、柔、长著名，曾经有这样的歌谣：“下到锅里莲花转，挑上筷子一条线。走过七州与八县，没吃过这么好的面。”

互助土族自治县土族人民的饮食习惯与以农业为主兼营牧业的生产特点紧密相关。日常的主食以青稞为主，小麦次之。蔬菜较少，主要有萝卜、白菜、葱、蒜、莴笋等10余种，平日多吃酸菜，辅以肉食。爱饮奶茶，吃酥油沙面。喜庆节日，必做各种花样的油炸食品和手抓大肉（猪肉）（图1-3）、手抓羊肉。男子喜欢饮酒，多数人自家酿青稞酒。饮食卫生也很讲究：用餐时每人都有固定的饭碗、筷子，请客吃饭也是每人一份。土族一般习惯于日食三餐，早餐比较简单，大都以煮洋芋或糌粑为主食；午餐比较丰富，有饭有菜，主食为面食，常制成薄饼、花卷或疙瘩、干粮等食用；晚餐常吃面条或面片、面糊糊等。日常菜肴以肉、乳制品为多，当地的手抓羊肉是最好的待客和节日食品。民间有不少以当地土特产为原配料制作的食品，其中较有代表性的风味食品有哈力海、沓乎日、尕仁么和烧卖等。

图 1-3　以八眉猪肉制作的名菜——手抓大肉

第三节　品种形成的历史过程

八眉猪具有悠久的历史。本节从考古发现、文献记载等角度分别阐述陕西八眉猪、甘肃八眉猪和青海八眉猪的形成过程。同时，对群体数量和分布范围变迁也做了论述。

一、八眉猪起源

陕西八眉猪的形成历史非常悠久。早在 6 000 年前的新石器时代，西安地区的半坡人已驯养了家猪。3 000 年前兴起于关中西部，当时以从事农业著称的周族，养猪已相当普遍。有“乃造其槽，执豕于牢”，“严私其豕从，献豕开于公”的记载。唐墓出土的有大耳陶猪和小耳陶猪。唐永泰公主墓中的大耳陶猪，嘴长面直，腹大下垂，四肢较短，鬃毛发达。据此推知，在 1 000 多年前的唐代，已形成了与现在陕西八眉猪体态近似的品种。公元 3 世纪，关中当地猪已成为一个名种，在《博物志》中有“生梁雍者足短”的记载。在历史上，该地区气候较干燥，日照强烈，冷热变化大，蒸发量大，自然灾害较多，粮食生产极不稳定，饲喂猪的精料很难保证，时有时无，青绿饲草很少，多喂苦菜等野菜。为了弥补精料不足，一般采用“吊架子”的方式对猪进行肥育，促使体内脂肪大量沉积。因此，陕西八眉猪的形成是几千年来在自然环境迥然不同的产区内，在饲养水平很不稳定的条件下，经过劳动人民精心选育的结果。

甘肃八眉猪分布地区具有悠久的文化历史。据考古资料记载，甘肃家猪驯养也约在6 000年以上。秦安大地湾仰韶晚期遗址发掘证明，该时期人类属于定居的以农业为主的类型，家畜饲养业比较发达，猪骨在遗址地层中经常见到，有的堆放达几十头之多，并多用猪骨作为制作骨器的原料，说明猪已为当时主要家畜。陇东古时气候温暖湿润，土质肥沃，据《汉书》记载，“归德有堵苑、白马苑，郁郅有牧师苑官”。《庆阳县志》记载：“二将、城壕、柔远等川，水草丰茂，最宜畜牧，农家多兼牧业，猪户户畜之，售予西安、三原等地。”《环县志》记载：“早在12、13世纪时，环县的大小方山，林木茂盛，垂玉吐珠，合道川清晨多雾，沃田丰野。”在当时良好的自然环境下，粮食生产丰富，交通不便，粮食外运困难，农民遂利用丰富的糜、谷、豆、荞外壳等副产品，剩余的玉米、高粱、豆类等粮食养猪，因此，在适宜的自然和社会经济条件下，经过劳动人民长期的选育，形成了适合肥育的甘肃八眉猪种。

青海八眉猪为八眉猪的高原类型。关于青海八眉猪的起源有两种说法，一种为该地八眉猪为吐谷浑王朝的先民们所养育；另一种说法为，青海八眉猪为陕西八眉猪和甘肃八眉猪的后裔。由于物质交流、自然灾害和战乱等因素的影响，陕西和甘肃的居民西迁，八眉猪亦随之被带入青海农区繁殖。根据社会经济发展需要，八眉猪在当地经长期选育形成了适应高原地区生态特点的类型即青海八眉猪，群众称为“大耳朵”。由于长期缺少饲料，季节性的温差和营养消长，形成了青海八眉猪耐饥、耐冷、耐苦、耐粗放管理、抗逆性强、生长发育缓慢和贮积脂肪能力强等特性。

二、群体数量和分布范围变迁

1. 陕西八眉猪　1982年全国第一次畜禽品种遗传资源调查时，陕西省境内八眉猪存栏1万头左右，50%分布在榆林市定边、清涧等地区。2002年，陕西省榆林市定边县八眉猪存栏仅2 109头，其中公猪29头，母猪2 080头。2006年全国第二次畜禽品种遗传资源调查时发现，陕西省八眉猪有1 023头，基础母猪332头。现在陕西省八眉猪保种任务仅由定边县一家保种场承担，现存栏八眉猪纯种猪140头，其中种公猪20头，种母猪70头，后备猪50头。另外，陕西省扶风巨良原种猪场也有少量饲养，共20头（公猪4头）。总体来说，陕西八眉猪处于濒临灭绝状态。

2. 甘肃八眉猪　1973年，甘肃平凉地区饲养八眉猪17.7万头，其中基础母猪1.59万头；庆阳地区饲养八眉猪19.2万头，其中二八眉10万头。2002年，在甘肃纯种八眉猪仅存栏230头（种公猪26头，母猪204头）。2006年全国第二次畜禽品种遗传资源调查时发现，甘肃灵台良种猪场饲养纯种八眉猪44头，其中公猪4头，母猪40头。目前，灵台良种猪场存栏八眉猪基础群40头（其中公猪5头），周边地区还分布公猪20头，主要以散养为主，灵台县境内八眉猪共计约有150头。

3. 青海八眉猪　1982年全国第一次畜禽品种遗传资源调查显示，八眉猪有800头左右，以互助土族自治县、湟中县等地分布较多。目前，主要由青海省互助八眉猪原种育繁场、青海省互助八眉猪保种场和湟中县种猪种鸡场三家单位饲养和繁育青海八眉猪。青海省互助八眉猪原种育繁场，现存栏八眉猪122头（种公猪9头，种母猪113头）；青海省互助八眉猪保种场存栏八眉猪原种生产母猪237头，后备母猪75头，种公猪18头；湟中县种猪种鸡场拥有108头纯种八眉猪，其中生产公猪6头，后备公猪3头，生产母猪63头，后备母猪36头。

第二章
品种特征和性能

产区的自然环境、社会和经济条件塑造了品种独有的特征和性能。本章着重论述了八眉猪的体型外貌、生物学特性和生产性能。

第一节　体型外貌

按照体型外貌特征，八眉猪分为大、中、小三种类型，即大八眉、二八眉和小型猪（小伙猪、黄瓜头）。在山区和边远地区以大八眉、二八眉为主，川、塬地区以小型八眉猪为主。从体重体尺来看，陕西八眉猪的体重和体尺显著高于甘肃八眉猪和青海八眉猪，这可能与当地气候条件和饲料资源有关。

一、外貌特征

（一）大八眉猪

体格较大，体质粗壮。全身被毛黑色，个别有蹄白或额白、鼻端白、尾尖白，被毛粗、硬而长。皮肤厚而松弛，多皱襞，特别是后股，皱襞显著，且有套叠。性情温驯而迟钝。颜面平直或微凹，额较宽，额部在“八”字皱纹上，有数条深而长的横纹延伸至嘴角（图 2-1），鼻梁上有粗深的横纹，看起来好似“寿”字。鼻嘴粗短而直或稍向上翘。耳厚、下垂、宽大，耳根松软，长过鼻端。颈部粗壮，长短适中，颈肩结合良好。背腰稍长，宽而平直，胸宽而深（称双背），腹大而下垂，尻部宽大，前后躯发育均较匀称，体侧呈长方形。有效乳头一般 7 对，多者达 9 对，发育良好，排列整齐。

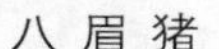

公、母猪的乳头粗大，群众称“马奶头”。公猪尿脐（包皮）较大。尾粗而长。四肢高而粗壮，群众称“椿木腿”或“牛棋腿”。前肢骨骼坚实，后肢呈“刀”状肢势，多卧系。有吃食慢、走路慢、生长发育慢、皮不展的特征。经济成熟晚。群众描述大八眉猪为“寿字头，八字眉，耳大遮面超过嘴，松皮大胯套裤腿”（图 2-2）。

图 2-1　八眉猪额部“八”字皱纹

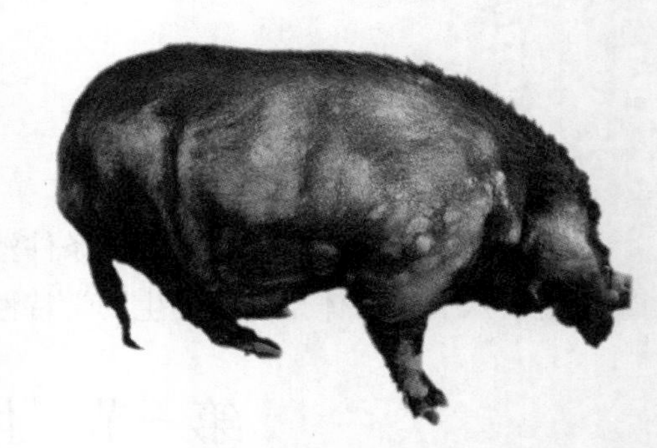
图 2-2　大八眉猪（公）

（二）二八眉猪

二八眉猪是介于大八眉和小八眉猪之间的中间类型（图 2-3）。与大八眉猪相似，额部似具“八”字纹，体格比大八眉猪小。被毛黑色，比大八眉猪细，鬃毛粗、硬。头中等大，较狭长，颜面微凹，嘴筒稍宽而齐。额部有两条平行或斜行的横纹，似“八”字形，两腿间有数条成对的顺纹，纹浅细而清晰，鼻梁上有数条横纹。耳宽大，下垂，耳根稍硬，长与嘴齐，亦有比嘴长或短者。颈部长短适中，与前躯结合良好。背腰狭长而平直（老龄母猪多凹背），胸部发育中等，腹大下垂，尻部多倾斜，前后躯一般发育匀称，体侧呈较狭的长方形。有效乳头 7～8 对，发育匀称，排列整齐。四肢较粗壮，骨髓坚实，后肢稍呈“刀”状肢势，并有微呈 X 形者，系软卧。皮肤较厚（比大八眉猪薄）而松，后肢有不太明显的皱纹，体侧多皱襞。

图 2-3　二八眉猪

（三）小型八眉猪

1. 小伙猪　全身黑色，被毛稀短。头轻小，颈部有旋，似草帽顶，皱纹少而浅细，有较短横纹，横纹下为数条顺纹，分列两侧，有的仅有顺纹。耳朵薄小，耳根微翘，如杏叶状（也称杏耳）下垂，与嘴角齐。嘴长短不一，长者尖细，短者粗壮。颈短，背腰短宽而平，多双背。腹大下垂，胸部发育中等，后躯发育良好。整个体躯有的短圆，两头一样粗；有的两头尖，中间大，如荷包状（也称荷包猪）。总体看，体侧呈方形或棋形。乳头 6 对左右。四肢短、细、壮、直，前低后高。骨骼结实，行动敏捷。皮薄、骨细、肉嫩、早熟，长不大。

2. 黄瓜头猪　全身黑色，有光泽。头轻而小，颜面光，基本无皱纹。嘴长、直而尖。耳短小下垂，亦有稍大者。头部和嘴部像黄瓜（图 2-4）。颈和躯干短小，背腰短宽而平，有双背。也有背腰狭长呈单背者。胸部发育中等，腹大下垂。尻短而平，发育良好。四肢短而细，前低后高，行走轻快。乳头 6～7 对。体小，皮薄而紧，骨细，被毛稀短。

图 2-4　小型八眉猪（黄瓜头猪）

二、体重和体尺

根据 2004—2011 年青海省互助八眉猪保种场（互助土族自治县双树乡）、青海省互助八眉猪原种育繁场（互助土族自治县威远镇）、陕西省定边县八眉猪保种场和甘肃省灵台八眉猪保种场的测定数据，统计分析可知：陕西八眉猪的体重和体尺显著高于甘肃八眉猪和青海八眉猪（表 2-1、表 2-2）。这可能与气候条件和饲料资源有关。

表 2-1　各保种场八眉猪体重（单位：kg）

产地	60 日龄仔猪		120 日龄后备猪		成年猪	
	公	母	公	母	公	母
陕西省定边县	13.8±0.30	13.6±0.16	24.3±0.83	23.9±0.42	124.6±5.07	97.45±2.70
甘肃省灵台县	11.4±0.30	11.3±0.16	21.1±0.83	23.1±0.42	85.67±5.07	72.45±2.70

（续）

产地	60日龄仔猪		120日龄后备猪		成年猪	
	公	母	公	母	公	母
青海省互助土族自治县	12.6±0.30	12.7±0.16	22.4±0.83	23.4±0.42	88.81±5.07	77.52±2.70

注：引自《八眉猪》（NY/T 2823—2015）编制说明。

表 2-2　各保种场八眉猪体尺（单位：mm）

产地	体长		体高		胸围	
	公	母	公	母	公	母
陕西省定边县	1 314±118	1 247±107	676±57	598±73	1 154±179	1 108±155
甘肃省灵台县	1 236±118	1 159±66	652±57	563±32	1 067±179	1 032±44
青海省互助土族自治县	1 250±118	1 168±107	662±41	576±42	1 088±91	1 031±106

注：引自《八眉猪》（NY/T 2823—2015）编制说明。

第二节　生物学特性

八眉猪在进化过程中形成了许多生物学特性。例如耐低氧、抗高寒能力强，食性广、耐粗饲，性早熟、繁殖性能好，肌内脂肪含量高、肉质优良等。在饲养生产实践中，不断地认识和了解上述特性，按照适当的条件加以充分利用和改造，对获得较好的饲养和繁殖效果，达到安全、优质、高效的生产目的意义重大。

一、耐低氧、抗高寒能力强

八眉猪主要分布区域地处西北高原，该区地形复杂，海拔为1 700～3 600m，空气稀薄，气候严寒。在漫长的自然和人工选择下，在遗传性能方面形成了八眉猪耐低氧、抗高寒的强大能力。

细胞数量、压积容量、细胞体积、血红蛋白含量、血红蛋白浓度和氧结合量等红细胞生理特性，可以直接表明红细胞运输氧和二氧化碳的能力，反映机体对高海拔低氧生态环境的适应能力。赵全邦等研究表明，青海八眉猪的红细胞数为（7.05±1.44）$\times 10^{12}$个/L，红细胞比容为0.42±0.060（L/L），红细胞体积为（62.23±13.57）fL，血红蛋白浓度为（298.38±39.21）g/L，氧结合量为（0.170±0.028）L/g。以上红细胞主要指标均高于大白猪等国外品种。另外，血液中的铁以三种形式存在：与血红蛋白结合在一起；与铁传递蛋白结合；与铁蛋白结合，游离铁很少。血红蛋白中铁与铁传递蛋白中铁含量之比为1 000∶1。因此，血红蛋白中的铁可代表全血铁。经测定，青海八眉猪全血铁含量为（7.52±1.25）mmol/L，均高于其他猪种。以上试验数据表明，八眉猪已形成了强大的携氧红细胞系统，对高原缺氧或低氧环境具有很强的耐受能力。

西北高原垂直气候差别大，冷季长，暖季短，昼夜温差大。严寒的气候环境和自然选择，形成了八眉猪抗高寒的遗传特性。此外，八眉猪在皮毛的发育上也有独到之处，在被毛下层着生有棕色绒毛。这层绒毛冬生夏脱，构成了八眉猪抵御严寒的重要生理结构特征。

二、食性广、耐粗饲

八眉猪是杂食动物，门齿、犬齿和臼齿都很发达，其胃是肉食动物的简单胃与反刍动物的复杂胃之间的中间类型。因此，能充分利用各种动植物和矿物质饲料。西北高原地区分布的小麦、玉米、青稞、豌豆、蚕豆、马铃薯、油菜、谷子、糜子、甜菜等农作物及副产品，八眉猪均可食用。另外，梨、柿、枣、杏、桃、核桃、葡萄、李、石榴和猕猴桃等的落果及其加工副产品，八眉猪也非常喜食。甘肃灵台是羊藿、党参、甘草、大黄、当归、旱半夏、秦艽、独活、柴胡、茵陈、黄芩、防风和草河车等中草药的重要产区，八眉猪也非常喜欢拱食。

八眉猪对粗纤维的消化能力非常强。当饲料粗纤维含量为12.85%时，3.5月龄和6月龄八眉猪的粗纤维消化率分别为13.47%和19.51%，而同月龄广东小耳花猪对粗纤维消化率仅为7.2%和11.3%，对粗纤维的消化能力是广东小耳花猪的近2倍。

三、性早熟、繁殖性能好

八眉猪的性成熟早，公猪生后月余就有性欲表现。据睾丸切片观察，45日龄即有初级精母细胞出现。小公猪3月龄左右有成熟精子，公猪4月龄即开始配种，成年公猪一次射精量250～400 mL，精液品质良好，一般利用年限为3～4年。小母猪3.5～4月龄性成熟，初配可受胎，发情周期18～19d，发情持续期1～3d，怀孕期平均114d，平均窝产仔数12.08头，最多可达16头，仔猪断奶成活率90.15%。我国地方猪种的初配时间一般为体重达到40 kg时。据测定，八眉小母猪在8月龄初配体重40kg时，其头胎产仔数8.35头，20日龄窝重为13.11 kg，50日龄窝重为21.9 kg；初配体重为32.35 kg时，头胎产仔数为8.38头，20日龄窝重为12.16kg，50日龄断奶窝重为16.27 kg；初配体重24.78kg时，三项指标分别为6.32头、10.62 kg和20.75 kg，充分体现了八眉母猪良好的繁殖性能。

另外，在20世纪60年代我国严重的自然灾害时期，在低劣饲养条件下引进的国外猪种和杂种猪难以生存，而八眉猪的产仔数、仔猪初生重、50日龄断奶重仍能分别维持在9.3头、0.6 kg和4.3 kg的水平。这种即使在低劣饲养和营养环境条件下，也能维持较好的繁殖水平的能力，是其他猪种所没有的。

四、肌内脂肪含量高、肉质优良

肌内脂肪含量和脂肪酸的种类及含量与肉品质密切相关，是衡量肉质优良与否的重要指标。周继平等研究发现，60～69kg、70～79kg和80～89kg三个阶段八眉猪肌内脂肪含量分别为2.20%、3.60%和4.14%；远远高于同体重大白猪肌内脂肪含量。而且，八眉猪肌内脂肪细胞的分化能力优于国外引入的瘦肉型猪种。张国华等比较了八眉猪与长白猪两个猪种中皮下脂肪及肌内脂肪细胞的成脂能力。结果显示，两个猪种皮下脂肪细胞的增殖及分化能力均强于肌内脂肪细胞。进一步比较猪种间的差异发现，八眉猪肌内脂肪细胞的分化能力更高，表明八眉猪较国外瘦肉型猪种具有更强的肌内脂肪沉积能力。

赵子龙等通过对八眉猪及其不同杂交组合肉质特性的研究和分析发现，在3种饱和脂肪酸（肉豆蔻酸、棕榈酸、硬脂酸）、2种单不饱和脂肪酸（棕榈油酸、油酸）以及1种多不饱和脂肪酸（亚油酸）等6种脂肪酸中，二元杂交组的饱和脂肪酸含量高于八眉猪纯种组和三元杂交组；单不饱和脂肪酸中，三元杂交组高于其他两组；亚油酸含量八眉猪纯种组显著高于其他杂交组。多不饱和脂肪酸（亚油酸）在纯种八眉猪中含量最高，说明其在肉质方面具有更好的遗传性能。

第三节　生产性能

生产性能与品种的遗传密切相关。获得良好的生产性能，是我们饲养家畜的主要目的。本节从繁殖性能、生长性能、肥育性能、屠宰性能和肉质性状等方面论述了八眉猪的生产性能。

一、繁殖性能

八眉猪繁殖性能良好。一般第 1 胎总产仔数和产活仔数分别为（8.2±1.3）头和（7.6±0.8）头，第 2 胎总产仔数和产活仔数分别为（10.2±0.9）头和（9.4±0.6）头，3 胎及以上的总产仔数和产活仔数分别为（12.3±1.5）头和（11.8±1.3）头。各区域的八眉猪在繁殖性能方面略有差异。在繁殖性能方面，陕西八眉猪最优，其次为青海八眉猪，甘肃八眉猪的繁殖性能最低（表 2-3）。

表 2-3　各保种场八眉猪繁殖性能（单位：头）

产地	总产仔数			产活仔数		
	第 1 胎	第 2 胎	3 胎及以上	第 1 胎	第 2 胎	3 胎及以上
陕西省定边县	8.6±1.52	10.1±1.45	12.3±1.81	8.1±0.93	9.3±0.45	11.8±0.94
甘肃省灵台县	7.5±1.85	9.7±1.32	11.9±1.13	7.1±0.93	8.9±0.45	11.1±0.94
青海省互助土族自治县	8.2±1.24	10.5±1.05	12.6±1.73	7.5±0.61	9.8±0.45	12.2±0.94

注：引自《八眉猪》（NY/T 2823—2015）编制说明。

二、生长性能

八眉猪生长较慢。后备公猪 2 月龄体重达 12 kg，6 月龄体重达 23 kg；后备母猪 2 月龄体重达 12 kg，6 月龄体重达 24 kg。成年公猪体重为（100.18±15.26）kg，体长为（124.8±11.8）cm，体高为（66.4±5.7）cm，胸围为（110.6±17.9）cm；成年母猪体重为（84.97±10.62）kg，体长为（119.9±10.7）cm，体高为（58.3±7.3）cm，胸围为（106.2±15.5）cm。

三、肥育性能

八眉猪肥育性能不理想。陕西省榆林市畜牧兽医研究与技术推广所对 12 头 45 日龄的八眉猪［平均体重（4.66±0.14）kg，公母各半，阉割去势］进行饲养肥育试验，饲养至 90kg 体重时，肥育期（179±4.8）d，日增重为（475±7.82）g/d。甘肃灵台县畜牧兽医局对 25 头八眉猪进行肥育试验，结果

显示八眉猪的日增重为428.13g/d。青海省互助八眉猪保种场对保育后的12头八眉猪进行肥育试验，结果显示八眉猪的日增重为（409.86±81.36）g。以上试验数据提示，陕西八眉猪的肥育性能显著高于甘肃八眉猪和青海八眉猪。

2010年，甘肃农业大学滚双宝等对青海省互助土族自治县12头八眉猪进行肥育试验，结果显示八眉猪的肥育性能：20～60kg生长阶段平均日增重为（430±28.6）g，60～90kg生长阶段平均日增重为（524±34.5）g。

四、屠宰性能

八眉猪的屠宰性能较低。2012年，陕西省定边县八眉猪保种场对3头八眉猪进行屠宰实验，测定了八眉猪的胴体性状。结果显示八眉猪屠宰率为（68.6±1.2）%，平均背膘厚（33.3±1.05）mm，胴体瘦肉率（43.3±1.4）%。2009年，青海互助县八眉猪保种场对12头八眉猪进行屠宰测定。结果显示屠宰率（70.2±1.5）%，平均背膘厚（33.8±0.44）mm，胴体瘦肉率（46.3±1.7）%。

综合以上八眉猪屠宰测定的原始数据，经专家讨论分析，一般认为八眉猪屠宰性能为：体重80～90kg时，屠宰率为（69.3±2.4）%，平均背膘厚（33.6±8.1）mm，胴体瘦肉率（44.7±2.8）%。

五、肉质性状

八眉猪的肉质性能优良。陕西省定边县八眉猪保种场对3头八眉猪进行肉质性状测定。结果显示，pH_1 6.01～6.71，肉色评分为3.5～4分（5分制），肌内脂肪含量（6.36±1.30）%。青海省互助八眉猪保种场对12头八眉猪进行屠宰测定的结果显示，pH_1 6.43～6.01，肉色评分3～4分（5分制），肌内脂肪含量（7.16±1.32）%。目前，一般认为八眉猪在体重80～90kg时，肌肉pH_1 6.36±0.35，肉色评分（3.75±0.25）分（5分制），肌内脂肪含量（6.76±1.35）%。

六、品种标准

中华人民共和国农业行业标准《八眉猪》（NY/T 2823—2015）对品种标准进行了详细阐述，具体内容见附录一。

第三章 品种保护

中国丰富多彩的猪种资源，是我们的祖先几千年来在中华大地上得天独厚的自然环境中创造出的珍贵遗产，许多品种蕴藏着世界上独一无二的优良基因资源。20 世纪末，由于大量引入国外瘦肉型猪种，导致我国猪种资源急剧减少，质量下降，现在亟须加强我国地方猪种资源的选育和保种工作，进行繁殖、选育与提高。八眉猪列入国家级畜禽遗传资源保护名录之首，具有适应性强、抗逆性好、产仔多、母性强、肉质好、沉积脂肪能力强和耐贫瘠粗放饲养管理的特点，性状遗传稳定，在长期近亲交配下不易表现衰退，是一个极为良好的适应西北地区饲养条件的母本品种。因此，保留八眉猪品种的基因库，对西北地区乃至全国养猪业的新品种育成将具有重要的意义和作用，从而实现我国养猪业的持续、稳定、高效发展。

第一节 保种概况

21 世纪以来，中央、省、市等有关部门越来越重视八眉猪的保种工作，扶持力度不断加大，但由于 20 世纪末受到国外引入猪种的冲击，八眉猪群体规模不断下降，保种形势依然严峻。现对青海省、甘肃省和陕西省的八眉猪保种场规模、设施与技术条件等方面进行简要介绍。

一、青海省互助八眉猪原种育繁场

青海省互助八眉猪原种育繁场建于 1970 年，是集保种、育种、推广为一体的现代化程度较高的八眉猪原种保护定点场之一，2008 年被农业部确认为国家级畜禽遗传资源保护场，总资产 1 000 多万元（图 3-1）。该场位于互助县威远镇北 4km，威北二级公路东侧 1km 处，交通便利，气候适宜，水电路齐全畅通。基础设施齐全，布局合理，占地面积 $50hm^2$，建筑面积 $8\ 000m^2$，其中猪舍 7 幢共 $5\ 181m^2$，全部为全封闭式太阳能暖棚圈。网床产育仔猪舍建筑面积 $680m^2$，内设母猪产仔网床 44 套，仔猪保育网床 22 套，青饲料打浆机 2 台，锤片式粉碎机 1 台，日产 5t 的饲料加工机 1 组，简易水塔 1 座，化粪池一个。猪舍有完善的供水系统，场内建筑物布局合理，主要配套设备齐全。

现存栏各类生产母猪 890 头，其中 6 个血统的八眉猪 122 头（种公猪 9 头，种母猪 113 头），繁育体系齐全，年向社会提供优良种母猪 2 000 余头，商品三元仔猪 10 000 余头。已向社会培育了“约×八、杜×八、长×八”等多个组合的杂交母本和商品猪，并与青海省畜牧兽医科学院协作培育出适宜青海特殊气候的新母本品系，在社会上享有很高的声誉。

图 3-1 青海省互助八眉猪原种育繁场

二、青海省互助八眉猪保种场

青海省互助八眉猪保种场建于 1981 年，1997 年以前隶属青海省互助土族自治县畜牧兽医工作站，称双树种猪场；1997 年以后隶属青海省互助土族自治县畜牧局，称互助猪保种场；2002 年更名为青海省互助八眉猪保种场，是集保种、育种、推广为一体的现代化程度较高的种猪重点生产场，2008 年被农业部确认为国家级畜禽遗传资源保护场，总资产 1 252 万元（图

3-2）。该场位于互助土族自治县双树乡双树村，宁互公路东侧 1km 处，为川水地区，距省会西宁 23km，离互助土族自治县县城 8km，交通便利，气候适宜，北、西、南三面均为耕地，东南有天然屏障沙塘川河，附近无任何污染源，场内地下水充足，且水源良好，便于严格执行各项卫生制度和防疫措施。该场基础设施齐全，布局合理，占地面积 5.33hm^2，建筑面积27 450m^2，其中猪舍面积 10 050m^2，内设母猪产仔网床 240 套，仔猪保育网床 150 套，青饲料打浆机 2 台，大、小型饲料加工机各 1 台，水塔 2 座，化粪池 2 座，其他标准化配套设施齐全，各建筑物布局合理。近年来，保种场陆续实施了良种仔猪繁育基地建设、种猪扩繁场建设、八眉猪保种建设、村企共建等项目。2013 年青海省互助八眉猪保种场互助八眉猪研发中心实验教学楼（内设遗传育种与繁殖、营养与饲料、种猪生产、生猪生产与产后处理、疾病防控、产业经济等 6 个功能研究室）落成并投入生产，基础设施得到了较大改善。

现存栏各类生产母猪 876 头，种公猪 34 头，其中八眉猪原种生产母猪 237 头，八眉猪后备母猪 75 头，八眉猪种公猪 18 头，每年向社会提供优良种母猪 2 000 余头、优良种公猪 360 余头、商品三元仔猪近 7 800 余头，向省会西宁各大超市的互助八眉猪肉直销点供肉 65.7t。该场现有职工 33 人，其中高级职称 1 人，中级职称 5 人，初级职称 3 人，熟练饲养工 24 人。该场 2009 年在国家商标局成功注册了“互助八眉猪”商标，2012 年依托青海大学农牧学院成立青海省生猪产业技术转化研发平台并挂牌，2013 年“互黑眉”商标在国家商标局再次成功注册，2014 年被海东市农业产业化协调领导小组办公室认定为农业产业化市级重点龙头企业。

图 3-2　青海省互助八眉猪保种场

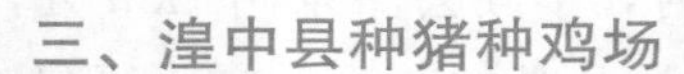

三、湟中县种猪种鸡场

湟中县种猪种鸡场建于1982年，隶属湟中县农牧和扶贫开发局，一直从事青海省八眉猪保种选育及杂交优势利用的研究工作，2009年被农业部确认为国家级畜禽遗传资源保护场。该场位于湟中县多巴镇王家庄村，距省会西宁22km，占地$2hm^2$，海拔2 360m，属高原大陆性气候，日照强烈，冬寒夏凉，年平均气温5.1℃，年平均降水量509.8mm。拥有现代化的八眉猪舍、分娩舍、产仔舍11栋，共3 $180m^2$，母猪产仔网床20套，仔猪保育网床20套，仓库及饲料加工车间$220m^2$，猪场调料室$88m^2$，办公室、育种室药房$317m^2$，粉碎机2台。硬化场区道路5 $228m^2$，新建$400m^3$大中型沼气池一座。

现存栏各类种猪289头，已组建6个家系108头的纯种八眉猪保种核心群，其中生产公猪6头，后备公猪3头，生产母猪63头，后备母猪36头；饲养“约×八、杜×八、长×八”二元母猪170头；引进约克、长白、杜洛克种公猪11头。每年可向社会提供以八眉猪为基础的二元母猪1 000余头，商品肥育仔猪3 000余头。该场现有正式职工10人，饲养工12人，其中专业技术人员10人，高级畜牧兽医师3人，兽医师1人，初级职称6人，技术力量雄厚。该场先后承担完成省、市、县科技推广项目多项，其中“青海省八眉猪选育及杂交优势利用研究”获青海省科技成果进步二等奖，“高原瘦肉型猪品系选育及集约化养殖配套技术研究”获省级科技成果证书。

四、甘肃省灵台县八眉猪种质资源保护场

甘肃省灵台县八眉猪种质资源保护场于2001年被农业部确认为国家级畜禽遗传资源保护场（图3-3）。该场基础设施较齐全，布局合理，猪舍建筑面积4 $500m^2$，内设母猪产仔网床60套，仔猪保育网床40套，PSJZ1.5型配合饲料加工机组1套，水塔1座，化粪池2座。防疫治疗室$100m^2$，饲料仓储房$150m^2$，草棚、晒场等$200m^2$，原料库、成品库各$100m^2$，员工宿舍$200m^2$，硬化场区道路1 $000m^2$。以饲用玉米为主的精饲料生产基地$4hm^2$，以紫花苜蓿为主的饲草基地$2.67hm^2$。

现存栏八眉猪基础群40头，其中公猪5头。该场现有正式员工5人，其中兽医师2人，工人3名。十几年来，灵台县八眉猪种质资源保护场一直承担着八眉猪的保种工作任务。

图 3-3　甘肃省灵台县八眉猪保种场

五、陕西省定边县种猪场

陕西定边县种猪场建于 1969 年，隶属于榆林市定边县畜牧局管理，是陕西省唯一的八眉猪保种场，一直从事八眉猪的保种繁育工作（图 3-4）。1985 年被陕西省农业厅定为省级重点八眉猪保种场，2008 年被农业部确认为国家级八眉猪保护场。该场位于榆林市定边县城东 60km 处的石洞沟乡蒙海子村，307 国道附近，交通便利，气候适宜。该场占地面积 66.67hm^2，其中水浇地 26.67hm^2，林地 3.33hm^2，苜蓿种植基地 13.33hm^2。生产区药房、配种室、隔离舍、猪舍共 1 658m^2，内设产床 10 套，保育床 4 套，粪便处理场 1 个。饲料加工区有原料储存间、加工间、成品库房，配备饲料粉

图 3-4　陕西省定边县种猪场

碎机1台、搅拌机1台。场内地下水充足，且水源良好，基础设施齐全，布局合理。

现存栏八眉猪基础母猪65头，5个血统的公猪10头，后备猪35头。该场现有干部职工18人，其中畜牧师1人，助理畜牧师1人，管理人员1人，中级工3人，助理会计师1人，退休人员11人。30多年来，定边县八眉猪保种场先后向社会提供种猪30 000余头。

第二节　保种目标

八眉猪种质资源独特，是一座丰富的原种群，不仅是我国西北地区宝贵的畜种资源，也是我国乃至世界优秀的种质资源之一。但由于受市场经济需求和保种实力的局限，使这一宝贵的地方种质资源越来越少，其优秀基因濒临绝迹。因此，需要制定和实施八眉猪种质资源保种目标与保种内容，以确保我国养猪业的可持续发展。

一、保种目标

（一）八眉猪特色性状的保护

1. 八眉猪适应西北特殊气候仍保持高产仔数的优良特性是主要保护性状。

2. 八眉猪肌肉呈鲜红或深红色，大理石纹清晰，分布均匀，pH为6.1～6.2，熟肉率高、肌内脂肪含量适中，肉的品质显著优于国外引进品种，所以肉质是八眉猪保种的重要指标。

3. 耐粗饲、抗病力强也是八眉猪需加以保护的性状。

（二）选育指标

1. 繁殖性状　初生总产仔数8～9头，经产总产仔数12～12.5头，断奶头数10.5～11头，断奶窝重70kg以上。

2. 生长性状　体重15～75kg阶段日增重400～500g，料重比控制在3.6以下。

3. 胴体性状　75kg体重屠宰瘦肉率为42.0%～44.0%，肌内脂肪4.8%左右，背膘厚3.8cm以下。

二、保种内容

（一）种群遗传多样性分析

合理、妥善地保护八眉猪的遗传资源，首先需要对其种群的遗传多样性进行全面的评估，以确定其遗传资源的独特性、遗传基础的宽窄以及濒危程度等。

（二）种质特性研究

全面深入地了解八眉猪种质特性是品种保护的一个重要前提。目前，对八眉猪种质特性的研究主要是从形态学、解剖学、生理生化等方面进行描述和分析，缺乏分子生物学基础的研究。因此，未来研究侧重点应利用重要经济性状的基因座位进行鉴定、分离、克隆和定位，如抗性基因、高产仔猪基因、优良肉质基因等，申请拥有自主知识产权的基因专利技术，为今后利用分子育种技术改良猪种奠定基础。

（三）品种保存

保种的根本任务是尽量妥善、合理地保存猪种遗传资源，因此，应有一定规模的活畜保种群，以避免因过度近交致使遗传资源多样性丧失。保种无疑具有长远的社会和经济效益，但从短期利益来讲，保种是一项缺乏经济效益的工作。因此，有必要在全面了解八眉猪遗传多样性和种质特性的基础上，有针对性地进行品种保存。应重点保护：一是八眉猪对西北特殊气候的适应性；二是八眉猪的耐粗放管理方式；三是八眉猪的高繁殖力性能；四是八眉猪优良的肉质性能。

第三节　保种技术措施

一、种猪的选择

（一）种猪选择标准

1. 外形鉴定　目前现存的八眉猪均为中型八眉猪，体型中等，耳大下垂，耳长大于头长，面微凹，嘴筒偏粗，稍短，额纹纵行而偏粗，鼻镜黑色，体长背平直，尻部较倾斜，体躯结构匀称，皱褶较少，腹大而不拖地，后肢有不严重的卧系。成年猪多数视力不佳，甚至失明。大腿欠丰满，后肢卧系，尾较细，尾毛少。在进行种猪选择时，外形鉴定可按照特征与体质外形评分表进行（表 3-1）。

表 3-1　特征与体质外形评分表

项目	评分标准	最高评分	
		公猪	母猪
特征及体质	品种特征明显，体质结实健壮，发育匀称	22	20
头颈部	头符合品种特征，上下唇吻合良好，眼大明亮，颈肩结合良好	8	8
前躯部	肩背较平，肩宽，胸宽深，发育良好，肩背结合良好，肩后无凹陷	20	15
中躯部	背、腰平、宽、长，母猪腹略大，公猪腹中等大，肩胸结合良好，乳头排列整齐，间距适当宽，对称，无瞎乳头，有效乳头 6 对以上	20	20
后躯部	臀平，宽长，特别是母猪，大腿宽、圆长而肌肉丰满，公猪睾丸发育匀称，母猪外阴正常	20	25
四肢	四肢结实、开张直平，系正直，蹄坚实	10	12
合计		100	100

注：引自《八眉猪》(DB62/T 2007—2010)。

2. 生长发育鉴定　八眉猪生长发育较慢，因长期近交和配种过早，造成公猪比母猪发育差，这是八眉猪的一个特点。用体重和体尺评定八眉猪等级时，三项指标按最低一项评分定级（表 3-2）。

表 3-2　八眉猪的体重体尺等级

项目		公猪				母猪			
		6 月龄	8 月龄	10 月龄	成年	6 月龄	8 月龄	10 月龄	成年
一级	体重（kg）	21	28	31	90	23	32	41	78
	体长（cm）	75	84	89	128	77	87	95	117
	胸围（cm）	62	67	73	125	61	71	79	104
二级	体重（kg）	17	24	27	86	21	30	38	71
	体长（cm）	69	80	85	122	75	85	93	107
	胸围（cm）	57	63	69	107	59	69	77	94

（续）

项目		公猪				母猪			
		6月龄	8月龄	10月龄	成年	6月龄	8月龄	10月龄	成年
三级	体重（kg）	15	22	25	84	20	29	36	68
	体长（cm）	66	78	83	119	74	84	92	104
	胸围（cm）	55	61	67	104	58	68	75	89

注：引自《八眉猪》(DB62/T 2007—2010)。

3. 繁殖机能鉴定　公猪要求生殖器官发育正常，有缺陷的公猪要淘汰；对公猪精液的品质进行检查，精液质量优良；性欲良好，配种能力强。母猪初情期3～4月龄，适配月龄8月龄，要求发情明显，易受孕。当母猪有繁殖成绩后，要重点选留那些产仔数高、泌乳力强、母性好、仔猪育成多的种母猪。淘汰那些发情迟缓、久配不孕或有繁殖障碍的母猪。母猪繁殖机能按照表3-3进行等级评定。

表3-3　八眉猪的繁殖性能等级

项目		窝产仔数（头）	初生个体重（kg）	20日龄窝重（kg）	45日龄个体重（kg）
一级	头胎	7	0.7	13.2	4.9
	2胎	10	0.8	16.7	6.6
	3胎以上	13	0.7	20.7	8.8
二级	头胎	6	0.6	12.0	4.4
	2胎	9	0.7	15.1	5.9
	3胎以上	12	0.6	18.7	8.0
三级	头胎	5	0.5	11.4	4.2
	2胎	8	0.6	14.4	5.6
	3胎以上	11	0.5	17.8	7.6

注：引自《八眉猪》(DB62/T 2007—2010)。

（二）种猪选择程序

1. 断奶阶段　在仔猪断奶时进行。仔猪必须来自母猪产仔数较高的窝中，符合本品种的外形标准，生长发育好，体重较大，皮毛光亮，背部宽长，四肢结实有力，有效乳头数6对以上。凡体型外貌不符合品种特征、乳头数不满足育种规定、自身或同胞具有遗传缺陷、生长发育差者一律淘汰。一般来说，断奶阶段选择的数量为最终预定留种数量公猪的10～20倍以上，母猪5～10倍以

上，以便后面能有较高的选留机会，使选择强度加大，有利于取得较理想的选择进展。

2. 后备猪阶段

（1）第一次选择的时期是2月龄的窝选，根据断奶仔猪的窝重和产活仔数来选择，其中这两个指标中以活仔猪数高于平均窝数为主，在大窝中选择好的个体，即在父母双亲的性能均为优良的个体、窝产仔数量多、哺乳率高、断奶仔猪的体重大而且均匀，并且在同窝的仔猪中没有遗传性疾病的一窝中选择出发育优良的仔猪留下。由于此月龄的仔猪重量小，在选择中容易出错，为了避免选择错误，选留的仔猪数量应该为需要量的2～3倍。

（2）第二次选择的时期是4月龄，从2月龄选出的仔猪中选择生长发育状况良好、初情期早的个体，淘汰生长发育不良、体质弱、体型外貌以及外生殖器官有缺陷的个体。此时，若系供种需要，一般淘汰率可达30%～50%，或每窝至少留1头公猪、2～3头母猪。

（3）第三次选择的时期是6月龄，达到此月龄的后备猪体况及身体各组织器官已经发育完全，其优缺点也更加明显，可以根据后备猪自身的生长发育情况、体型外貌、性成熟的表现、外生殖器官发育的好坏、背膘的厚薄等状况进行评测，最后按评定结果进行选留，淘汰那些发育相对不良的个体。该阶段的选留数量可比最终留种数量多15%～20%。

3. 终选阶段　母猪繁殖配种和繁殖阶段终选，根据个体本身的繁殖性能进行选择。母猪依据初情、发情、妊娠分娩、母性等表现，以及头胎繁殖成绩进行选择。公猪则依据性欲、配种能力、精液质量，并结合肢蹄、体质等再次进行选择。

（三）种猪选择注意事项

1. 目标明确，制定选择方案时，不仅要有总体选育目标，而且还有具体可操作的指标，既兼顾全面，又突出重点。选择方案要慎重考虑，确定后不宜随意变动。

2. 根据实际情况如猪场的规模、饲养管理条件等选用合适的选择方法，尽量做到简单易行，如在一般中、小场里宜采用个体选择法。

3. 选育时应建立相配套的详细档案记录材料，准确适时地将测量记录登记在表格上，尽量减少重抄的次数，以免抄写错误。记录的信息要全面，包括个体本身以及各亲属的数据，有性能测定、外形评定以及疾病方面的数据。

4. 测定的所有条件要一致，避免不良因素造成的误差。测定猪必须采用同群同龄比较法，在相同的季节、时间和地点进行，饲养管理必须一致，以便真正比较出个体间的遗传差异，提高选种的准确度。对选育测定所需的方法、工具、量具以及测定人员最好保持恒定，测定人员要熟悉操作规范，测量器具要经常检查是否精确可靠，减少测量上的误差。如果条件不一致，则应对资料做出校正。

5. 持之以恒，不要半途而废。猪的育种是一项长期选择提高的过程，每一世代的改良是比较缓慢的，只有经过长期的努力，才能产生显著的改变。

二、选配方法

1. 公、母猪在繁育扩群阶段按村域、组间实施交配，原种选定后按不同来源家系间交配，以汇集优良基因。

2. 实施开放与闭锁相结合，采用不完全随机交配制度，避开全同胞或半同胞，辅以部分级进杂交，以分化类群和提高系群的同质性。

3. 以经产定终选，凡出现高产仔数成绩的母猪，均可世代重叠、重复选配。

4. 凡是优秀的公猪，可有计划地实行近交，以累积优良基因。

5. 依据头型、毛色的表现型进行选配，以控制种群的理想结构。

三、保种方式

（一）保持品种的遗传多样性与公猪现有的血统数

分别建立不同的家系，实行不同家系之间轮回交配，可避免近交衰退和遗传漂变的发生。积极探索在适当引入其他优良地方品种血液的基础上，建立不同特点的品系，丰富品种结构，提高保种效果。

1. 丰富的遗传多样性是遗传资源被保住的重要指标　遗传多样性即基因多样性，是品种内和品种间的遗传变异程度。猪的保种实质上是保存（保持）猪的遗传多样性、保存其遗传差异。对单一品种而言，是指该品种内的遗传变异。品种内的遗传变异小，则遗传基础狭窄，有些基因座的等位基因可能已不存在。因此，没有丰富的遗传多样性，就不能说遗传资源被保住。

2. 维持一定数量的公猪血统数是实践中保持品种内遗传多样性的最有效措施　遗传多样性程度可从不同水平（直至DNA分子水平）来度量，可用不同方法如群体、数量、细胞、分子遗传学技术等来研究，但最直观的易在保种中实施的主要指标是用公猪的血统数来间接地加以判断。因为群体遗传学证明，若不存在选择、迁移的影响，遗传漂变与近交是导致基因丢失的主要原因，而群体有效规模是影响遗传漂变程度和近交增量（上下两代平均近交系数之差）的主要因素。群体有效规模与群体实际规模（公畜和母畜的实际头数）可通过不同情况下的公式相互换算。已得出规律：保种效果主要决定于头数较少的性别（即公猪）的实际头数，很大程度上取决于彼此无亲缘关系的公猪头数的多少，也就是说要有适当数量的公猪血统。

3. 竭尽全力维持公猪现有的血统数，即保持现有的遗传多样性，力争把遗传多样性的损失最小化　目前，青海省共有8个血统，其他产区的八眉猪均已基本绝迹，在这种情况下，引入公猪增加血统困难较多。因此，加强现有血统的保护工作非常重要，对于避免近交衰退具有重要意义。继续采取3个保种场分别保存公猪血液的办法，分别建立家系。

4. 控制近交是保持品种内遗传多样性的另一可操作的措施　近交是造成基因丢失、品种内遗传多样性缩小的主要因素之一。因此，在保种群内控制近交的最好办法是：将属于同一血统的个体或彼此间亲缘关系最近的个体编为一组，其中的公猪与不同组的母猪配种，产出的后代再与第三组的异性个体交配，如此循环往复进行下去，此即所谓的分组轮回（循环）交配法。

（二）保持适度的保种群规模和性别比例

群体遗传学的研究表明，保持保种群的群体有效含量是确保群体基因库中基因能够较完整保存下来的关键因素，工作重点是在现有保种群规模的基础上，通过选择和培育进一步增加公猪数量和扩大保种群规模。例如，青海省根据保种原理和实际情况，按照公母1∶5的性别比例组建120头的核心群进行保种。

（三）实行随机交配和各家系等量留种制度

保种的关键是保持群体中所有位点的基因种类。首要条件是要有足够大的保种群体，并实行随机交配。还可在保种群内按头长、头短，耳大、耳小，体长、体短等分为不同的亚群，然后在亚群之间实行轮回交配，尽量采用避开同胞间交配的不完全随机交配方式，并采用各家系等量留种法，即实行各家系公猪的后代中留 1 头公猪、母猪后代留等量母猪的留种方式，这种留种方式的群体有效含量要大于随机留种法。

(四) 适当延长世代间隔

世代间隔越长，群体的近交系数在一定时间内上升速度越慢。青海八眉猪在保种核心群内采用第三胎或第四胎留种，使其世代间隔延长至 3.5 年左右，这样 50 年为 14 世代，若每代近交增量控制在 1%左右，经过 50 年保种群平均近交系数在 15%以下，有利于群体中基因种类的保存。

(五) 加大资金投入和政策扶持力度，建立健全各项规章制度

一是多渠道争取保种经费，缓解保种经费不足问题，在各级财政投入为主的基础上，鼓励各种社会力量参与品种资源开发和利用工作；二是省、地、县各级政府应尽快出台保种利用的优惠政策，对参与保种和资源开发利用的单位和个人予以政策扶持和经费补助；三是加强保种场基础设施和育种设施建设，建立疾病预防保健制度，以提高保种效果。

(六) 产、学、研有机结合，促进现代生物技术在保种中的应用

充分发挥科研院所的技术优势，通过科研与生产有机结合，在保种核心群之外的生产群和村、户中通过大力开展科学试验、杂交利用、资源开发等项目，逐步将冷冻精液、冷冻胚胎等胚胎生物工程技术运用到保种实践中；积极探索分子生物技术在保种中的相关研究，建立八眉猪遗传资源信息库和基因库；建立和完善八眉猪肉质参数数据库，扩大肉香味美的知名度。

(七) 加大品种资源开发利用力度，扩大利用途径

保种的目的是为了更有效利用，单纯保种以致因品种生产性能低下严重影响养猪生产是不可取的。保种必须坚持积极、开放、发展、利用的保种原则，以适应现代化养猪生产的需求。国际上猪种选育目标的总趋势是主要考虑产仔数、生长速度、瘦肉率、饲料效率、肉品质、抗病力 6 项指标，相对比例分别

为32%、20%、20%、12%、10%和6%。我国青海省在八眉猪的开发利用方面做得比较好，因此，以青海省为例进行阐述。青海省结合八眉猪的品种特性及当地资源情况，在八眉猪开发利用方面开展如下工作：

1. 在保持优良肉质性状、产仔数和抗病力的同时，提高瘦肉率、饲料效率和生长速度。

2. 在保种核心群外开展杂交，确立配合力高的优良杂交组合，利用杂种优势。

3. 对八眉猪的不同原始类型，分别建立不同特点的品系，发挥其资源优势。

4. 在不改变八眉猪传统毛色的前提下，考虑适当导入优良地方品种或外猪种血液，培育不同类型的八眉猪新品系，丰富品种结构。

四、性能测定

（一）繁殖性能测定

记录母猪产仔数、产活仔数、初生重（窝重）、21日龄体重（窝重）及仔猪数、60日龄断奶体重（窝重）及仔猪数。对于种公猪，以后裔性能的统计分析为依据，评定其种用价值。

（二）生长发育性能测定

仔猪于保育期做好免疫接种，于70日龄进入生长后备猪性能测定期。公、母猪分圈群饲，以栏为单元记录饲料耗量，以个体为单元，调查记录体重、日增重。

1. 入选仔猪　体型外貌符合品种特征，生殖器官发育正常，有效乳头≥7对，自身或同胞无隐睾、疝气、锁肛等遗传缺陷。

2. 测定群　由专人饲养、专人管理。

3. 调查体重　早晨空腹称重，折算60kg后备种猪标准体重日龄，计算公式：

$$60\text{kg 标准体重校正日龄} = \frac{\text{实际日龄} \times 100}{\text{实际体重}}$$

4. 体尺　用硬尺（木制游标卡尺）或软尺（缝纫尺）紧贴方式量取，要求站姿端正。

（1）体高　髻甲至蹄底（地平面）的垂直距离。

（2）体长　枕骨脊至尾根的背中线距离。

（3）胸围　肩胛后沿胸部的垂直周径。

（4）腿臀围　左侧膝关节前缘至尾窝（肛门）中点的距离×2。

（三）生长肥育性能测定

以同胞测定方式，逐世代设置生长肥育试验，生长肥育体重阶段设定为15～80kg，以检测生长肥育与胴体性能。观察生长速度、饲料报酬、胴体品质。

第四节　种质特性研究

八眉猪是在黄土高原特定生态条件下经长期选育而成的地方猪种，具有耐粗饲、适应性强、抗逆性好、产仔数量多、母性好、沉积脂肪能力强、肉质好、肉味香、适应高寒气候条件、性状遗传稳定、对近交有抗力等优良特性。其缺点是生长发育慢、母猪泌乳量低、直接肥育利用效益不显著等。本节将对八眉猪的抗逆性、肉质性能、繁殖性能等进行全面介绍，以便深入了解并合理利用八眉猪的种质特性。

一、抗逆性强

在长期的自然和人工选择下，八眉猪形成了耐粗放管理和抗逆性强的优良品质，在比较粗放而贫瘠的饲养管理条件下，能正常繁殖。八眉猪在被毛下层着生有一层棕色绒毛，冬生夏脱，以抵御低温严寒。此外，八眉猪尚有较好的抗热能力，在日晒前后，八眉猪的体表温差为3.38℃，肛温差为0.04℃。八眉猪的耐粗能力随着年龄的增长，对饲料粗纤维的消化率也随着提高。当饲料粗纤维含量为9.02%时，3.5月龄和6月龄八眉猪的粗纤维消化率分别为27.83%和31.18%；当饲料粗纤维含量提高到12.85%时，八眉猪的粗纤维消化率分别为13.47%和19.51%，高于同月龄广东小耳花猪粗纤维消化率（7.2%和11.3%）。

八眉猪对疾病尤其是仔猪腹泻的抵抗能力较强，腹泻抵抗能力显著高于烟台黑猪。此外，八眉猪群体中对仔猪腹泻的抵抗能力也存在差异。王国梅等采用 PCR-FRLP 方法，在八眉猪 SLA-DQB 基因多态性与仔猪腹泻的相关性研究中发现，八眉猪 DQB 基因外显子 2 的基因型与仔猪腹泻之间呈现极显著相关，AA 和 AB 基因型腹泻评分均极显著高于 AC、BB 和 CC 基因型。不同性别 DQB 外显子 2 的基因型对仔猪腹泻的影响不同。在公猪中，AB 基因型个体的腹泻评分高于 AA、AC、BB、CC 个体；而在母猪中，AA 和 AB 腹泻评分极显著高于 AC、BB 和 CC，可见性别影响了 DQB 外显子 2 基因型与腹泻之间的关系。这说明八眉猪 DQB 基因外显子 2 多态性较低，其基因型对仔猪腹泻有影响，可以考虑作为八眉猪抗病育种的选择标记。

二、肉质优良

肉质是一个综合指标，它包括肉色、肌肉 pH、肌内脂肪含量等一系列的评价指标。杨葆春等对 12 头八眉猪进行肥育试验，测定胴体及肉质性能。八眉猪的肥育期日均增重 409.86g，低于民猪、荣昌猪和杜洛克猪；屠宰率达到 70.19%，相当于国内外多数品种的平均水平；膘厚平均值为 3.38cm，较薄于民猪和二花脸猪；肌肉 pH 6.43，和其他中国地方品种相近；肌肉大理石纹及肉色略低于内江猪和民猪，均被评为 3～4 分，失水率 18.86%，熟肉率 66.12%；肌内脂肪含量为 7.16%，高于民猪、二花脸猪、内江猪和杜洛克猪。此外，八眉猪胴体长、屠宰率、眼肌面积以及后腿比例较长白猪以及长八杂交猪小，脂肪率及皮厚高于其他两组，说明八眉猪与长白猪杂交可以有效提高胴体性能。

周继平等按胴体重把八眉猪分为 60～69kg、70～79kg 和 80～89kg 三组，研究了八眉猪胴体重与肉品质之间的相关性。当八眉猪肌内脂肪含量从 2.20%增加至 4.14%，与胴体重呈正相关，而肌肉剪切力则随胴体重增加而呈下降的趋势，分别为 61.16N、51.63N 和 43.64N；三组间肉色、熟肉率与系水力无显著性差异，70～79kg 组滴水损失最高，达 6.83%；70～79kg 组多不饱和脂肪酸/饱和脂肪酸比率显著高于其他两组，比率为 0.23。因此，70～79kg 胴体重最适宜生产优质八眉猪肉。

八眉猪肌内脂肪含量优于国外引入瘦肉型猪种，与其较强的成脂能力有关。张国华等研究了八眉猪与瘦肉型品种长白猪脂肪细胞的成脂能力，结果发现在脂肪细胞的增殖与分化方面，皮下脂肪细胞强于肌内脂肪细胞，而在不同品种之间，八眉猪肌内脂肪细胞的分化能力强于长白猪，说明八眉猪具有更强的肌内脂肪沉积能力。也有文献报道 Fork headbox O1（FoxO1）是脂肪细胞分化前期的重要转录因子，对脂肪细胞分化起负调控作用。庞卫军等研究了不同猪种 FoxO1 的表达模式，发现 180 日龄八眉猪皮下脂肪组织 FoxO1 的 mRNA 与蛋白水平显著低于大白猪，在 1 日龄八眉猪皮下血管基质细胞中检测到的结果与组织水平上的一致。与此同时，细胞水平敲降 FoxO1 能够增加甘油三酯的含量，上调 FABP、PPARγ 和 C/EBPα 等成脂关键基因 mRNA 水平。进一步的研究发现，FoxO1 抑制了 C/EBPβ 的转录活性与 PI3K/GSK3β 信号通路，从而影响脂肪沉积。除了 FoxO1 基因，庞卫军等还研究了 Sirt1 与 Akt2 两个基因对猪脂肪沉积的调控作用，Akt2 基因在八眉猪脂肪组织与脂肪细胞中的表达显著高于大白猪，而 Sirt1 基因的表达模式与 Akt2 相反。深入研究发现，Sirt1 通过直接的蛋白-蛋白互作抑制了 Akt2 介导的猪脂肪沉积。这些研究部分解释了八眉猪背膘厚高于瘦肉型猪种大白猪的原因。

三、繁殖性能

八眉猪公猪 30 日龄左右即有性表现，45 日龄即有初级精母细胞，成年公猪一次射精量为 250～400mL。母猪 4 月龄左右开始发情，性成熟日龄为 116d，发情周期 18.3d，发情持续期 3.1d，产后再发情一般在断奶后 9d 左右（5～22d），妊娠期 113.3 天。母猪的头胎窝产仔数比较少，三胎以上产仔数增加。据青海省畜牧兽医科学院统一鉴定结果，八眉猪平均产仔数头胎 8.5 头（154 胎），二胎 10.82 头（210 胎），三胎及以上 12.08 头（178 胎），高于国内多数地方猪种的产仔数。

八眉猪在国内地方品种中也属高产类群，由于西北特殊的生态和经济条件，引入外猪种很难保持经济发达地区和原产地的性能指标。因此，解决母系猪源问题，必须充分发挥八眉猪的基础母本作用。八眉猪与引入猪种杂交后代的断奶窝重杂种优势明显，是优良的杂交母系品种。郭远玉等研究了 3 个品种的杂交父本对青海互助八眉猪繁殖性能的影响（表 3-4），以杜洛克猪（Ⅰ组）、长白猪（Ⅱ组）、大白猪（Ⅲ组）为父本对青海互助八眉猪进行杂交改良，生长速度、胴体瘦肉率、母猪泌乳量均有较大提高。以白色杜洛克×青海互助八眉猪或长白猪×青海互助八眉猪的杂交效果较好，能有效提高青海互助八眉猪的繁殖性能，同时兼具青海互助八眉猪的优良肉质性能，更适应市场的需求。

表 3-4 不同杂交组合八眉猪产仔性能测定结果

组别	总产仔数（头）	产活仔数（头）	死胎数（头）	死胎率（%）	断奶仔数（头）	断奶育成率（%）
Ⅰ	12.00±2.26^{Aa}	11.70±2.36^{Aa}	0.30±0.48	2.60±4.23	11.60±2.37^{Aa}	99.17±2.63
Ⅱ	10.90±2.81^{ABab}	10.30±2.63^{ABab}	0.60±0.84	5.42±8.38	9.50±1.78^{Bb}	93.79±8.09
Ⅲ	9.30±1.64^{Bb}	9.20±1.55^{Bb}	0.10±0.32	0.91±2.87	8.70±1.60^{Bc}	95.27±6.58

注：引自郭远玉《3个品种的杂交父本对青海互助八眉猪繁殖性能的影响》。

同列数据肩标不同小写字母表示差异显著（$p<0.05$），不同大写字母表示差异极显著（$p<0.01$），相同字母表示差异不显著（$p>0.05$）。

汪得君等比较了八眉猪、斯格猪及斯八猪繁殖性能（表 3-5），八眉猪比斯格父母代母猪窝产仔数高 2.04 头，窝产活仔数高 0.77 头；八眉猪比斯八二元母猪窝产仔数高 1.85 头，窝产活仔数高 0.68 头；斯八二元母猪窝产仔数和窝产活仔数分别比斯格父母代母猪高 0.19、0.09 头。3 种母猪窝产仔数和窝产活仔数排序为八眉猪>斯八二元母猪>斯格父母代母猪。八眉猪的初生个体重与 35 日龄断奶个体重显著低于斯八二元母猪、斯格父母代母猪，而 35 日龄断奶头数高于后两者，八眉猪上述三项指标分别为（0.69±0.22）kg、（6.89±1.77）kg 和 10.39 头。

表 3-5 不同品种母猪繁殖性能测定结果

项目	斯格父母代母猪	斯八二元母猪	八眉猪
样本数	27	28	22
窝产仔数（头）	11.38^{a}±1.75	11.57^{a}±1.62	13.42^{b}±2.18
窝产活仔数（头）	10.54^{a}±2.18	10.63^{a}±1.42	11.31^{a}±1.67
初生个体重（kg）	1.53±0.23	1.16±0.38	0.69±0.22
35 日龄断奶头数（头）	10.17	10.13	10.39
35 日龄断奶个体重（kg）	8.63±1.54	7.82±1.43	6.89±1.77

注：引自汪得君《八眉猪、斯格猪及斯八猪繁殖性能测定》。

同行数据肩标不同小写字母表示差异显著（$p<0.05$），不同大写字母表示差异极显著（$p<0.01$），相同字母表示差异不显著（$p>0.05$）。

FSHβ 是由垂体前叶嗜碱性颗粒细胞合成分泌的一种促性腺激素，它直接作用于雌性动物的卵巢，促进颗粒细胞分化和增生，刺激类固醇的产生，调节配子细胞的发育和成熟，并最终引发排卵等系列生殖活动，与繁殖性能有着密切关系。戴丽荷等研究了包括八眉猪在内的国内外猪种 FSHβ 基因多态性，大白猪与长白猪中 A、B 等位基因均衡分布。在遗传效应方面，经产长白猪 AB 型产仔数和产活仔数分别比 BB 型多了 2.27 头和 2.31 头。八眉猪等国内地方猪种中几乎只有 A 等位基因，偏态严重，可能为品种特异性或受到人为选择，这也部分解释了我国地方猪种高产仔数的原因。

四、生长发育性能

(一) 体重与体尺

陆炳福整理了甘肃省山庄猪场8头公猪和20头母猪的生长发育数据（表3-6），八眉猪4月龄前公猪与母猪的体重与体尺增长相当，但从6月龄开始，母猪的体重与体尺比公猪的增长快。造成公、母猪生长发育差异的原因有性生理活动的影响，母猪的发情持续期妨碍了猪的正常采食，但待发情持续期结束，猪又恢复了正常的生长发育。而公猪性成熟后经常有互相爬跨、自淫等不正常活动，耗费大量的精力，同时厌食、挑食、食欲减退，严重影响了猪的营养需要，阻碍其生长发育。

表3-6　八眉猪不同日龄体重与体尺比较

性别	项目	45日龄	4月龄	6月龄	8月龄	10月龄
公猪	体重（kg）	4.75±0.85	12.94±1.57	19.18±2.85	25.06±4.59	30.06±5.73
	体长（cm）	—	61.40±4.31	71.25±2.82	82.30±8.43	88.8±8.50
	胸围（cm）	—	51.50±2.73	59.10±4.91	66.6±6.35	72.00±4.90
母猪	体重（kg）	4.20±1.03	12.83±1.96	20.31±3.70	30.63±5.82	42.85±8.93
	体长（cm）	—	59.60±4.30	76.25±6.68	84.55±7.40	97.15±7.38
	胸围（cm）	—	51.00±2.91	60.40±5.21	71.45±5.55	82.60±6.31

注：引自陆炳福《八眉猪生长发育试验研究》。

刘孟洲等对14头八眉公猪与46头八眉母猪进行了测定（表3-7），结果与陆炳福的研究结果类似，10月龄公猪体重为29.07kg，母猪体重为39.64kg，体重上的差异除了性生理活动因素，可能还与八眉猪的长期近交和配种过早有关。

表3-7　八眉猪不同日龄体重与体尺比较

性别	项目	45日龄	4月龄	6月龄	8月龄	10月龄
公猪	体重（kg）	5.42±0.30	13.00±0.83	19.37±1.50	26.21±1.56	29.07±1.69
	体长（cm）	—	—	72.43±1.66	82.00±2.06	87.21±2.15
	胸围（cm）	—	—	59.57±1.75	65.50±1.92	71.14±1.82

（续）

性别	项目	45 日龄	4 月龄	6 月龄	8 月龄	10 月龄
母猪	体重（kg）	4.90±0.16	13.35±0.42	22.10±0.97	31.19±1.15	39.64±1.47
	体长（cm）	—	—	76.10±1.03	86.02±0.98	94.34±0.98
	胸围（cm）	—	—	60.76±0.79	70.22±0.88	77.78±1.00

注：引自刘孟洲《猪的配套系育种与甘肃猪种资源》。

近年来，周继平等对青海省互助八眉猪保种场和青海省互助八眉猪原种育繁场成年八眉猪体重、体尺进行了测定（表 3-8），结果显示公猪的体重显著高于母猪，尤其是育繁场的公猪平均体重达到了 94.5kg，在体长、胸围和体高等方面公猪同样优于母猪。

表 3-8　不同性别成年八眉猪体重与体尺比较

保种场	性别	头数	体重（kg）	体长（cm）	胸围（cm）	体高（cm）
双树场	公猪	7	83.93±19.63	122.43±8.81	105.57±12.48	65.86±4.41
	母猪	30	75.53±20.32	117.37±12.47	101.37±10.34	57.13±4.58
育繁场	公猪	6	94.5±33.82	128.00±9.12	112.67±16.80	66.67±9.29
	母猪	31	79.5±17.77	116.60±8.99	104.73±10.90	58.10±3.92

注：数据未发表。

（二）消化器官

八眉猪的胃和小肠增长速度都比较均匀，生长阶段不明显。然而，八眉猪的大肠在 3～8 月龄期间生长较快，与 1 月龄相比，大肠重量在 3 月龄以后每月增加 5 倍左右，6～7 月龄期间尤为突出，增重约 17 倍。由此可知，八眉猪在 3 月龄以后对饲料特别是粗饲料的消化吸收能力逐渐增强。

（三）生殖器官

八眉猪是一个性成熟比较早的地方猪种，其生殖器官增重主要集中在 120 日龄之前。八眉猪公、母猪生殖器官的增重速度与体重的增重速度相平行，90 日龄以后迅速生长，于 120 日龄时达到生长高峰。随后，公猪副性腺和母猪子宫角达到强烈生长阶段，由此可知，八眉猪在 4 月龄已开始进入性机能成熟期（表 3-9、表 3-10）。

表 3-9　八眉猪公猪主要生殖器官的发育

日龄	睾丸		副睾丸		精囊腺	
	重量（g）	倍数	重量（g）	倍数	重量（g）	倍数
初生	0.25	1.0	0.07	1.0	0.08	1.0
90	30.52	122.1	6.31	90.1	6.82	85.3
120	33.57	134.3	9.33	133.3	13.64	170.5
150	33.35	133.4	11.66	166.6	27.58	344.8
180	42.16	168.6	16.45	235.0	64.00	800.0
240	44.60	178.4	19.96	285.1	80.85	1 010.6

注：引自刘孟洲《猪的配套系育种与甘肃猪种资源》。

表 3-10　八眉猪母猪主要生殖器官的发育

日龄	卵巢		子宫总重		子宫角		
	重量（g）	倍数	重量（g）	倍数	重量（g）	长度（mm）	倍数
初生	0.01	1.0	0.13	1.0	0.05	3.28	1.0
90	0.36	36.0	11.68	89.9	9.17	11.96	3.6
120	1.81	181.0	77.11	593.2	66.45	34.73	10.6
150	1.76	176.0	121.85	937.3	118.50	48.26	14.7
180	2.53	253.0	200.77	1 544.4	183.33	66.23	20.2
240	2.13	213.0	252.45	1 941.9	226.65	51.13	15.6

注：引自刘孟洲《猪的配套系育种与甘肃猪种资源》。

五、肥育性能

20 世纪七八十年代，由于育种工作的需要，对八眉猪的肥育性能进行大量测定。八眉猪在中等饲养水平下，肥育至 8 月龄或 10 月龄，其增重速度都较慢，平均日增重分别为 341.55g 和 313.39g。饲料水平的不同，八眉猪肥育性能的表现也不一样。当精料集中在短期内（5～8 月龄）肥育时效果较好，饲料利用率也较高，反之较差。从肥育期各月龄的增重情况看，在青饲料充足、精料水平较高时，从 5 月龄开始增重速度加快，平均日增重可达 362.9～469.3g，8 月龄以后增重速度下降至 360～390g/d。在精料较低水平下肥育，增重速度从 6 月龄才逐渐加快，此时平均日增重达 334～389g，8 月龄以后才达最高峰，平均日增重 557g。由此可知，八眉猪的增重主要在生长的后期，但增重快出现的早或晚与饲养条件有很大的关系（表 3-11）。

表 3-11　八眉猪肥育性能

年度	肥育天数（d）	试验始重（kg）	试验末重（kg）	平均日增重（$g \cdot d^{-1}$）
1975	180	6.16	82.17	422.3
1976	184	7.26	69.55	338.53
1979	180～184	8.95	68.07	341.55
1979	237～245	5.35	80.72	313.39
1980	156	20.50	79.60	378.80
1981	200	6.19	76.00	349.05
2007	150	19.18	83.40	428.13
2009	—	15.00	80.00	409.86
2010	90	18.60	54.68	426.89

进入 21 世纪以来，随着八眉猪的选育系统化与饲养管理水平的提高，八眉猪的肥育性能也发生了一些变化，平均日增重也达到了 400g/d 以上。由于不同的饲养条件下，八眉猪的肥育效果存在差异，2015 年颁布的《八眉猪》（NY/T 2823—2015）制定了八眉猪统一的肥育性能标准，即在建议的营养水平下（表 3-12），八眉猪 20～60kg 平均日增重为（430±28.6）g，60～90kg 平均日增重为（524±34.5）g。

表 3-12　建议的营养水平

项目	消化能（MJ）	粗蛋白质（%）	钙（%）	磷（%）	赖氨酸（%）
5～10kg 仔猪	15.15	22.0	0.83	0.63	1.00
10～20kg 仔猪	13.85	19.0	0.64	0.54	0.78
生长猪	12.97	16.0	0.60	0.50	0.75
肥育猪	12.97	14.0	0.50	0.40	0.63
后备公猪	12.55	16.0	0.60	0.50	0.62
种公猪	12.55	14.0	0.66	0.53	0.38
后备母猪	12.55	16.0	0.60	0.50	0.62
空怀母猪	12.13	13.0	0.60	0.50	0.48
妊娠母猪（1～81d）	11.72	11.0	0.61	0.49	0.35
妊娠母猪（82～114d）	11.72	12.0	0.61	0.49	0.36
哺乳母猪	12.13	14.0	0.64	0.46	0.50

注：引自《八眉猪》（NY/T 2823—2015）。

六、血液生理生化指标

八眉猪的血液生理生化指标受性别、年龄、季节及环境条件等多因素的影响，能够准确反映其生理状态和健康状况。通过对八眉猪的血液生理生化指标及其含量的测定，有助于深入了解八眉猪的生长发育特点及生长潜能。

卢光花等测定了 40 头不同日龄青海八眉仔猪的血液生理生化指标（表 3-13）。八眉猪红细胞、血红蛋白随日龄增长呈上升趋势，反映其在高原低氧生态环境下形成了较强的携氧系统；白细胞总量与分叶核粒细胞在 30、60、90 日龄之间无显著变化，而在 120 日龄时显著提高；杆状核粒细胞与幼稚粒细胞随日龄的增长呈下降趋势；30 日龄的八眉猪血液中未见嗜酸性与嗜碱性粒细胞。

表 3-13　血液生理指标测定结果

测定指标		性别	日龄			
			30	60	90	120
红细胞（10^9个/L）		♀	5.75±0.13^B	6.88±0.19^A	7.36±0.12^A	7.69±0.25^A
		♂	5.39±0.24^B	6.74±0.37^A	7.63±0.28^A	7.75±0.19^A
血红蛋白（g/L）		♀	55.8±2.32^B	145.8±12.4^A	154.7 ±14.4^A	135.4±12.2^A
		♂	58.3±1.73^B	143.6±10.2^A	152.5±15.5^A	137.7±13.4^A
白细胞（10^9个/L）		♀	17.6±3.12^B	15.69±0.49^B	16.8± 0.56^B	30.7±1.28^A
		♂	14.4±0.57^B	16.77±0.78^B	15.8±0.32^B	28.4±1.14^A
中性粒细胞（%）	分叶核	♀	25.8±5.80^B	31.31±7.97	28.02± 4.73	33.25 ±6.96^A
		♂	21.6±3.32^B	22.35±5.34	29.67±6.69	31.46±4.98^A
	杆状核	♀	5.65±1.34	3.45 ±1.11	2.56±1.33	2.17±1.06
		♂	3.72±1.23	3.78±0.79	4.43±1.57	3.27±1.52
	幼稚	♀	1.73± 1.16	0.89±0.56	0.51±0.35	0
		♂	0.98± 0.64	0.77±0.73	0.45±0.51	0
嗜酸性粒细胞（%）		♀	0	2.32±1.26	1.58 ±1.36	3.43±1.57
		♂	0	3.25 ±0.95	1.45± 1.44	2.88 ±1.34
嗜碱性粒细胞（%）		♀	0	0.90± 1.31	1.75±1.51	1.78±1.54
		♂	0	1.50 ±1.22	1.56± 1.44	1.38±1.45

注：引自卢光花《青海互助八眉猪血液生理生化指标的测定》。
同列数据肩标不同大写字母表示差异极显著（$p<0.01$），相同字母表示差异不显著（$p>0.05$）。

不同日龄八眉猪的血清无机盐中，血清氯、血清磷分别在 90 日龄、120

日龄时显著升高达最大值；血清钠在 30 日龄时较低，60 日龄极显著升高，90 日龄与 120 日龄趋于平稳；血清钾、血清钙在不同日龄间无明显变化（表 3-14）。此外，赵全邦比较了 1～1.5 月龄青海八眉猪与长白猪、杜洛克猪、大约克猪、梅山猪、香猪等国内外猪种中血液无机离子含量，结果表明八眉猪血清钾浓度高于上述猪种，而血清氯低于国外猪种。

表 3-14 血清无机盐含量测定结果

测定指标（mmol/L）	性别	日龄			
		30	60	90	120
血清氯	♀	99.67±5.92^{B}	101.38±9.57^{B}	129.23±7.48^{A}	121.41±8.79^{B}
	♂	89.97±7.67^{B}	90.67±8.37^{B}	117.47±10.67^{A}	109.23±6.78^{B}
血清钾	♀	0.75±0.03	0.57±0.03	0.68±0.04	0.87±0.05
	♂	0.58±0.06	0.59±0.06	0.63±0.05	0.76±0.06
血清磷	♀	1.57±0.44	1.83±0.54	2.87±0.55	2.09±0.72
	♂	1.67±0.32	1.23±0.41	2.09±0.42	2.28±0.56
血清钠	♀	155.75±22.33^{B}	300.47±27.88^{A}	167.85±17.16^{B}	248.73±21.23^{B}
	♂	147.48±17.56^{B}	296.56±31.41^{A}	175.17±15.54^{B}	284.56±34.94^{B}
血清钙	♀	2.48±0.37	2.45±0.22	2.45±0.56	2.58±0.47
	♂	2.56±0.29	2.23±0.34	2.86±0.27	2.98±0.77

注：引自卢光花《青海互助八眉猪血液生理生化指标的测定》。
同列数据肩标不同大写字母表示差异极显著（$p<0.01$），相同字母表示差异不显著（$p>0.05$）。

八眉猪淀粉酶、乳酸脱氢酶含量随日龄增长呈上升趋势，而在 120 日龄时显著下降；谷-丙转氨酶、谷-草转氨酶含量无明显差异（表 3-15）。

表 3-15 血清酶含量测定结果

测定指标	性别	日龄			
		30	60	90	120
淀粉酶（U/dL）	♀	651.38±49.08^{B}	721.43±48.23^{B}	742.24±37.44^{B}	356.53±55.76^{A}
	♂	668.38±35.68^{B}	739.45±33.57^{B}	758.55±51.24^{B}	341.66±21.68^{A}
谷-丙转氨酶（活力单位）	♀	32.83±3.58	27.56±3.58	31.75±3.47	29.98±2.24
	♂	33.25±5.34	26.78±2.73	32.09±2.88	26.88±2.98
谷-草转氨酶（活力单位）	♀	36.45±8.23	33.56±9.54	27.88±6.48	32.19±6.34
	♂	37.16±9.11	34.72±8.56	26.52±5.57	30.67±9.12

（续）

测定指标	性别	日龄			
		30	60	90	120
乳酸脱氢酶（U/L）	♀	1 756.59±138.5[B]	1 912.38±147.5[A]	1 882.46±148.9[A]	1 535.81±139.7[C]
	♂	1 716.75±123.7[B]	1 925.94±130.4[A]	1 901.29±204.4[A]	1 512.37±136.8[C]

注：引自卢光花《青海互助八眉猪血液生理生化指标的测定》。
同列数据肩标不同大写字母表示差异极显著（$p<0.01$），相同字母表示差异不显著（$p>0.05$）。

第五节　品种登记与建档

我国是世界上猪种资源最为丰富的国家之一，共有地方猪种 80 多个。与国外种猪相比，我国地方猪种繁殖力强、适应性强和肉质鲜美，这是我国生猪产业自主创新、提高竞争力的优势所在。保护利用好地方猪种资源，意义重大。近年来，农业农村部及各地畜牧部门在畜禽资源保护方面做了大量工作，其中一项就是编制与启动了中国地方猪种登记工作方案，进一步规范保种工作，地方猪种开发利用初见成效。

一、登记原则

1. 为规范地方猪品种登记工作，加强八眉猪品种资源的保护与管理，根据《中华人民共和国畜牧法》和《优良种畜登记规则》，制定八眉猪登记细则。

2. 八眉猪品种的登记内容包括种猪的系谱、生长发育、繁殖性能、胴体性状与肉质性状等方面的信息。

3. 参加登记的八眉猪需满足如下基本条件：①符合本品种特征；②系谱记录完整，个体标识清楚。

4. 参加登记的八眉猪的个体编号、个体标识应符合全国统一的规范，其中个体标识应使用电子耳标并辅以剪耳缺。

二、登记项目

（一）基本信息

1. 登记八眉猪所在的保种场、保护区（含户主）的名称、地址、邮编等信息。

2. 登记八眉猪个体的出生日期、个体号、耳缺号、性别、初生重、乳头数、遗传损征等基本信息。

3. 登记表格见附表1、附表2。

（二）系谱信息

1. 登记个体的父母代、祖代及曾祖代三代系谱信息。

2. 登记表格见附表3。

（三）生长性能

1. 登记个体断奶重、断奶日龄，120～180日龄间某一日龄的个体重、体尺及其具体测定日龄，成年体重和体尺。体尺登记体长、体高、背高、胸围、胸深、腹围、管围、腿臀围等。成年公猪测定时间为22～26月龄，成年母猪指三胎且怀孕2个月的母猪。

2. 有条件的保种场、保护区可测定种猪120～180日龄间某一日龄的活体背膘厚、活体眼肌面积（或厚度）。

3. 登记表格见附表4。

（四）繁殖性能

1. 登记母猪产仔胎次、总产仔数、产活仔数、寄养情况以及断奶日龄、断奶窝重、断奶仔猪数等。

2. 采用人工授精的建议登记公猪的采精信息，包括采精日期、采精次数、采精量、精子密度、精子活力、精子畸形率等。

3. 登记表格见附表5至附表8。

（五）肥育性能及胴体与肉质指标

1. 每三年应至少进行一次肥育与屠宰试验，测定并登记肥育期日增重、料重比以及胴体与肉质指标，同时记录肥育试验的饲料营养指标。每次肥育测定不少于30头，分不少于3栏进行饲养；每次屠宰测定不少于10头，公（阉）母各半。其中，测定办法依照《种猪生产性能测定规程》（NY/T 822—2004）和《猪肌肉品质测定技术规范》（NY/T 821—2004）。

2. 登记表格见附表9、附表10。

（六）个体变更

1. 登记个体出现变更的时间与原因。
2. 登记表格见附表 11、附表 12。

三、登记流程

1. 登记事项发生后，应立即按照附表 1 至附表 12 中相应的表格登记纸质表格。纸质表格应归档并至少保存 10 年。

2. 登记事项发生后两周内，应按照要求在中国地方猪品种登记网络平台（http：//www. pigbreeds. org. cn）上登记。

3. 登记数据需经由国家畜禽遗传资源委员会猪专业委员会审核通过。

第四章
品 种 繁 育

在我国高原生态环境影响下，经过数千年的自然和人工选择，形成了适应当地生存条件的地方猪种——八眉猪。八眉猪的品种繁育工作是一项庞大而复杂的系统工程，包括种猪的选择与培育、种猪的性能测定与选配方法及提高繁殖成活率等内容，其目的是使八眉猪猪群的重要经济性状得到遗传改良。

第一节　生殖生理

不同的地方猪种具有不同的外貌特征与生产性能，本节就八眉猪在发情与配种阶段的生理规律以及对于配种方式和配种时间的选择做一介绍。

一、发情与发情鉴定

（一）性成熟与体成熟之间的关系

八眉猪性成熟早。小公猪 2 月龄左右即有性行为，3 月龄左右有成熟精子，3～4 月龄可配种受孕，据睾丸切片观察，45 日龄即有初级精母细胞出现。公猪利用年限为 4 年左右。成年公猪射精量 240～400mL。小母猪 8 月龄体重 45～50kg 时体成熟并开始配种，初配可受胎。公母猪保持正常繁殖能力指标的初配适龄为 8 月龄，体重为 40kg 以上。母猪的利用年限为 6～8 年。

（二）发情规律

公猪 2 月龄左右开始发情，表现为在舍内频繁走动。母猪 3 月龄左右开始发情，发情周期为17～25d，发情持续期为3d。

（三）发情鉴定

母猪发情症状明显时，表现为阴门肿胀，按背部时会停下不动，食量减少甚至是不吃食。产后发情一般为断奶后3～5d。平均妊娠期114d，平均窝产仔数12.08头，最多可达16头，仔猪断奶成活率90.15%。

二、配种

（一）排卵规律

母猪为自发性排卵动物，当发情持续2d时，排卵通常发生于发情开始后。发情周期表现正常的青年母猪，从出现LH排卵峰到排卵为40h，LH排卵峰出现在发情开始时。排出的卵子数量在个体之间有很大差别，通常为10～24个。影响因素主要有年龄、品种、胎次和营养状态等。黄体在排卵后6～8d比较坚硬。青年母猪初次发情时，排卵率比以后发情的排卵率要低，第二次发情时排卵数量明显增多。排卵的持续时间是指排出所有卵母细胞的时间，这一时间为1～6h，但在发情前期及发情期受到公猪刺激时排卵时间缩短。交配过的猪排卵比未交配的猪早，这可能是由于精清中存在的雌激素及尚未鉴定出的多肽所引起。采用实时超声技术监测排卵过程，排卵时间差别为3h，对猪胚胎的不均一没有明显影响。人工授精前通过发情鉴定，准确预测母猪的排卵时间，可有效提高受胎率，在八眉猪生产实践中具有重要意义。

（二）排卵时间

如果在排卵前24h以上输精，或者在排卵后输精均可降低受精率、产仔率和窝产仔数。因此，在生产实际中最为重要的问题是，发情的何种特点最能准确预测排卵时间。

母猪在处于前情期及发情期时阴道黏液的量、质地及导电性均会发生明显变化，而且有大量研究认为，可以用阴道黏液的导电性确定最佳输精时间。根据这种特点输精后的结果与发情开始时输精的结果相当。虽然发情时导电性略有增加，但个体之间差异很大，而且导电性与超声波监测的排卵之间没有直接关系。因此，以发情开始的时间判断排卵比用导电性判断更为可靠。

以前人们一直认为，猪的排卵时间比较固定，一般出现在发情开始后38～40h。后来用超声技术监测发现，发情开始后发生排卵的时间有很大差别。虽然各研究中报道的排卵时间为35～48h，但个体之间的变化范围为发情开始后10～85h。因此，虽然在实际生产中可以用发情开始的时间预测排卵的时间，但并非为最好的指标。

在没有公猪在场的情况下，母猪发情持续的时间（Y）与有公猪在场的情况下（X）的关系为$Y=4.8+0.53X$，而且在没有公猪在场的情况下，排卵时间差别很大，平均为发情开始后（26±9）h。这说明不能以公猪不在场的条件下鉴定的发情时间预测排卵。

从以上情况可以看出，在公猪在场情况下鉴定的发情时间是预测排卵的较好方法，但发情持续时间个体之间有很大差别，因此亟须对预测排卵的技术进行研究。

（三）配种方式

八眉猪纯种繁育一般采用本交的方式，通常的商品猪为二元或三元杂交猪。而无论是本交还是杂交，都有两种配种方式：自然交配和人工授精。八眉猪是一个良好的杂交母本品种，与国外良种猪杂交，一般具有较好的配合力。以巴克夏猪、内江猪、苏白猪三个品种与八眉猪的杂交效果较好。巴克夏公猪与八眉母猪杂交，一代杂种肥育至8月龄，日增重达350～527g，屠宰率71%～74%。饲料利用率方面也表现有较高的杂种优势，每千克增重耗混合料1.35kg。用汉普夏公猪与八眉母猪杂交，杂种后代瘦肉率为56.48%，比八眉猪提高近8%。

1. 自然交配　自然交配是把公、母猪放在一起饲养，公猪随意与发情母猪交配。一般15～20头母猪放入一头公猪，让其自然交配。这易造成公母猪乱交滥配，母猪缺乏配种记录，无法推算预产期，公猪滥配，使用过度，影响健康，这种配种方式在养猪生产上已很少采用。

2. 人工授精　人工授精是人工采得公猪的精液，然后通过一定的手段输入母猪子宫内，使母猪怀孕的一项技术。在人工授精技术不很熟练的情况下，采用人工授精的受胎率会比辅助交配低一些。目前猪场采用较多的是在一个发情期中进行一次人工辅助交配和1～2次人工授精，早上进行人工辅助交配，下午人工授精，第二天上午再次人工授精，受胎率平均可达 93%。输精的速度宜慢不宜快，以 5～8min 为宜。

（四）配种时间

八眉猪性成熟较早，30 日龄左右时即有性行为。农村散养猪 3 月龄初配。种猪场 8 月龄体重达 40kg 左右开始使用。过早配种会影响产仔数和第 2 胎配种，过晚配种会影响受胎率和使用年限。在饲养条件较差的条件下，第一胎产仔 6.43 头，第二胎为 9.45 头，三胎以上为 12.08 头。在封闭饲养的条件下，配种时间会受到气候的影响，一年一般配种 2 次，6、7 月份进行春配，12 月份进行冬配。

适时配种对于获得较高的窝产仔数至关重要。过早或过迟配种都会损失部分卵子，从而降低产仔数。待八眉母猪发情征兆明显，允许公猪爬跨或人工测试站立不动或见到公猪走不动后 12h 配种是最佳配种时间，8～12h 再补配一次，一般都会取得较好的配种效果和获得较高产仔数。八眉猪保种场一般采用 2 次重复配种，如上午喂前配种 1 次，下午喂前再配种 1 次，如下午配种，第 2 天早晨再复配 1 次。

以上为把握母猪最佳配种时机的分析，如要最大程度提高母猪受孕率还需要有扎实的配种基础和娴熟的技巧，需要根据自身猪场情况不断探索。

第二节　种猪选择与培育

八眉猪具有适应性强、抗逆性好、产仔数多、母性好、肉质细嫩多汁、遗传性稳定等优良特性；其缺点是生长发育慢、瘦肉率低、群体差异性较大、背膘厚。但从保种方面来看，自 20 世纪五六十年代以来，由于大量外国猪种长白、大白、杜洛克等的引进和长期杂交，致使纯种青海八眉猪的数量急剧减少。到 1979 年，纯种八眉猪的数量减少至仅约 500 头，其中公猪仅剩余 10 头。后来，国家在青海省的互助土族自治县、湟中县和湟源县，陕西省定边县和甘肃省灵台县分别建立了保种场，组成了保种猪群，使八眉猪保存了下来。随后，部分种猪场因保种效益不好而放弃了保种工作。截至 2018 年，坚持保种工作的只剩下 2 个保种场，即青海互助八眉猪原种育繁场和陕西省定边县种猪场。

一、种公猪的饲养管理

（一）种公猪的生理特点

八眉猪生产中，种公猪的数量所占比例很小，但所起的作用却很大。饲养种公猪的目的就是要及时完成配种任务，使母猪能够及时配种、妊娠，以获得数量多、品质好的仔猪。要完成这一任务，首先要使种公猪能够提供量大质优的精液，即要提高公猪的精液品质。其次，要求种公猪体质健康，配种能力强，能够及时完成配种任务。与其他家畜相比，八眉猪种公猪的生理特点有：射精量大，总精子数量多；交配时间长，消耗体力大；消耗的营养物质相对较多。八眉猪一次射精量平均为250mL，多者可达400mL。公猪精液是由精子和精清两部分组成，其中精子占2%～5%，精清占95%～98%，主要由附睾分泌物、精囊分泌物、前列腺分泌物、尿道球腺分泌物等组成。

（二）种公猪的饲养

成年种公猪在完成配种任务中，排出精液的营养消耗也较少，在生理上处于一种平衡状态，因此，除了满足其维持正常的生命活动及少量的配种消耗以外，无须供给更多的营养。青年后备种公猪身体仍然在生长发育，需另外补充营养。然而，种公猪精液品质的好坏直接影响母猪是否能够正常妊娠、产仔的质量高低和数量的多少。因此，我们必须十分重视饲养好种公猪，提高种公猪的精液品质和精子活力，增强种公猪的体质和配种能力。

1. 营养水平适宜　适宜的营养水平提供种公猪充足全面的营养，是保持种公猪体质健壮、性功能旺盛和精液品质良好的基础。种公猪的饲养要严格遵循个体饲养，所提供的日粮应能全面满足公猪对能量、蛋白质、氨基酸、矿物质、维生素的需要。八眉种公猪的日粮营养需要为DE≤12.5MJ/kg，CP≤14%，钙0.65%、磷0.55%，日喂2.5～3.5kg，每天上下午各运动1h，使公猪体质健壮，中上等膘，性欲旺盛，精液品质好，受精能力强，受胎率高，产仔数多。

2. 饲养方式　据调查，最适宜的饲养方式主要以粗料和食品加工副产品为主，搭配饲喂精料。以舍饲为主、间辅放牧，母猪怀孕后期和泌乳期增加精料，多采取“稀汤灌大肚”的方法。肥育方式先吊架子再肥育，一般采用吊架子舍饲形式为主，把精料和洋芋主要用于最后两个月肥育期催肥出栏，多用农副产品、粉渣粉水及大量荞花喂猪，称为“荞花猪”。八眉猪是一个良好的杂交母本品种，与外来猪种杂交具有较好的配合力。产仔数高的繁殖性状具有较稳定的遗传性。

注意培育和选择耐粗饲性能：各地区应选择本地常用饲料配合日粮，注意青、粗饲料搭配比例。日粮结构尽可能保持稳定，以便不同年度的测定资料进行比较。对于耐粗性差的个体应及时从选育群中淘汰。

（三）种公猪的管理

保持公猪健壮的体质，提供品质良好的精液。提高配种能力，除供给全面营养外，还要合理地进行管理。在管理方面，除了要经常注意保持圈舍清洁、干燥、阳光充足，创造良好环境条件外，还应做好以下几项工作。

1. 单圈饲养　种用公猪一般应单圈饲养，并与母猪圈舍相距较远，这样可以减少干扰，保持安静，杜绝互相爬跨和自淫的恶习，有利保持猪的健康和良好精液品质。成年公猪不宜合群饲养，以免互相咬斗，造成内外伤，甚至死亡。

2. 适当运动　运动是加强机体新陈代谢、锻炼神经系统和肌肉的重要措施。适量运动，可以锻炼体质，增进健康，促进食欲和消化，避免肥胖，提高配种能力。运动时间，一般要求上下午各1次。配种旺期应适当减少运动，劳逸结合。

3. 保持猪体清洁　为了提高公猪的健康水平，防止皮肤病和体外寄生虫的侵袭，增进猪体表的血液循环，最好每天用刷子刷拭猪体1～2次。农村也可把猪赶到水沟、池塘、小河中洗泡。公猪要特别注意阴囊和包皮的清洁卫生。此外，不良的蹄形会影响公猪的活动和配种，要经常修整蹄甲。公猪的蹄壳容易变形或形成裂缝，因此应经常注意观察和及时修整猪蹄，以免交配时划伤母猪。

4. 定期称重　为了掌握种公猪的增重速度和各阶段的健康状况，应定期称重，以便根据体重变化情况及时调整公猪日粮。公猪不能过肥，应始终保持中等膘情，符合种用体况要求。

5. 经常检查精液品质　种公猪精液品质好坏影响母猪受胎率。为了保证精液质量和较强的精子活力，应经常检查公猪的精液品质，以便及时了解日粮是否符合种公猪的营养需要，从而调整公猪日粮及管理使用方式。青年公猪在配种前 10～15d 应检查一次精液品质，然后再确定能否使用。配种期内每 10 天应检查一次公猪的精液品质。

6. 防止发生意外　公猪比较凶狠，因此严禁粗暴对待公猪，以防造成咬人恶癖。平时要管好公猪，关好圈门，经常检查，杜绝偷配和公猪咬架发生。公猪遇到不同栏的公猪会互相攻击咬架，轻则受伤，重则死亡，有的失去种用价值。所以，要注意公猪栏的高度，保证猪栏牢固，防止公猪跳出栏外进行咬架。若发生咬架，不可强行分开，应迅速用木板、筐等将猪隔开，然后将咬架的公猪赶走。

7. 建立日常管理制度　根据不同季节为种公猪制定一套饲喂、运动、刷拭、配种、休息等日常管理制度，使公猪养成良好的生活习性，增进公猪的健康、提高精液品质和配种能力。饲养管理制度一经制定，就必须严格执行，不可随便更改。

8. 种公猪的合理利用　配种是饲养种公猪的唯一目的，因此对种公猪要合理利用。利用强度要根据年龄和体质强弱合理安排，如果利用过度就会出现体质虚弱，降低精液品质和缩短利用年限。相反，如果长期不配种，会出现性欲不旺，身体肥胖笨重，同样导致配种能力低下。初配公猪一般每 2～3 天配种或采精 1 次，1～2 岁公猪可隔日采集 1 次，2 岁以上公猪每天 1 次，连续配种应每周休息 1 天。自然交配情况下，每头公猪可负担 20～30 头母猪的配种任务。

二、种母猪的饲养管理

八眉母猪妊娠的饲养管理目标有双重要求，一方面既保证母猪有良好的营养储备，减少泌乳期间的体重损失，保持其繁殖期良好的体况，另一方面又要使母猪摄入足够的营养物质以促进胚胎的生长与发育。

(一) 空怀母猪的饲养管理

后备母猪配种前 10d 左右和经产母猪从仔猪断奶到发情配种期间称为配种准备期，习惯上又称为母猪的空怀期。正常情况下，仔猪断奶 5～7d 后母猪即可发情配种。但有时一些母猪发情时间延长，或者不能正常发情配种。造成母猪不正常发情的原因有：母猪在哺乳期消耗大量的贮备物质用于哺乳，致使体况明显下降，瘦弱不堪，严重影响了母猪的繁殖功能，不能正常发情排卵；有些母猪哺乳期采食大量粗饲料，泌乳消耗也少，导致母猪变得肥胖，使繁殖功能失常而不能及时发情配种；母猪患病等原因也会造成母猪发情不正常。因此，空怀期母猪的饲养任务主要是要尽快恢复母猪正常的种用体况（不肥不瘦），能够正常发情、排卵、配种，尽量缩短空怀期，提高母猪配种受胎率。

1. 空怀母猪的营养需要　空怀母猪由于没有其他生产负担，主要任务是尽快恢复种用体况，所以其营养需要比其他母猪要少，但要重视蛋白质和能量的供给量。蛋白质不仅要考虑数量，还要注意品质。如蛋白质供应不足或品质不良，会影响卵子的正常发育，使排卵数减少，受胎率降低。能量水平对后备母猪的排卵数有一定的影响，配种前 20d 内高能量水平可增加排卵数 0.7～2.2 枚，而对经产母猪则可提高受胎率。另外，空怀母猪日粮中应供给大量的青绿多汁饲料，这类饲料富含蛋白质、维生素和矿物质，对排卵数、卵子质量和受精都有良好的作用，也利于空怀母猪迅速补充泌乳期矿物质的消耗，恢复母猪繁殖功能的正常，以便及时发情配种。

2. 实行短期优饲　短期优饲就是指在母猪配种前的一段时间内（10～14d），在母猪原有日粮的基础上每天加喂 2kg 左右的混合精料，到妊娠时结束，以促进母猪发情，提高母猪的配种效果。

3. 饲喂技术　空怀母猪一般一天可饲喂 2 次。饲料形态一般以湿拌料、稠粥料较好，有利于母猪采食。要注意针对母猪个体情况酌情增减饲料喂量，母猪过于肥胖应适当减少喂量，以利减肥；过于瘦弱则应适当增加喂量，以使其尽快恢复种用体况。

4. 空怀母猪的管理

（1）创造适宜的环境　舒适的圈舍环境（温度、湿度、气流、圈养密度等）对提高种猪的生产有着十分重要的意义。低温造成能量消耗增加，高温则降低食欲。因此，冬季应注意防寒保温，夏季注意防暑通风。空怀母猪适宜的温度为 15～18℃，相对湿度为 65%～75%。另外，圈舍要注意保持清洁卫生、干燥、空气流通、采光良好。空怀母猪通常采用单栏饲养，但一般为了节省圈舍而小群饲养，一栏 3～5 头。群饲时为防止互相争抢食物，造成瘦弱母猪因采食量不足而难以恢复体况，应注意合理分群。实践发现，群饲空怀母猪可促进发情，并且出现发情母猪后，可以诱导其他母猪发情，同时也便于管理人员观察和发现发情母猪，做到及时配种。

（2）及时治疗疾病　如果空怀母猪体况不能及时恢复，也不能正常发情配种，很可能是疾病造成的。母猪泌乳期内物质消耗很多，往往会因营养物质失衡而造成食欲不振、消化不良等消化系统疾病以及一些体内代谢病。有些母猪则可能因产仔而患有生殖系统疾病，如子宫细菌感染造成子宫炎等。因此，我们要认真检查和治疗空怀母猪疾病，以使其能够正常发情配种。

（3）做好选择淘汰　母猪的空怀期也是进行选择淘汰的时期，选择标准主要是看母猪繁殖性能的高低、体质情况和年龄情况。首先应把那些产仔数明显减少、泌乳力明显降低、仔猪成活数很少的母猪淘汰掉。其次，把那些体质过于衰弱而无力恢复、年龄过于老化而繁殖性能较低的母猪淘汰掉，以免降低猪群的生产水平。

（4）及时观察母猪发情　哺乳母猪通常在仔猪断奶后 5～7d 就会发情。饲养人员要认真观察，以便及时发现。观察时间在早饲前和晚饲后，每天观察 2 次。观察方法可以是有经验的饲养人员直接观察，也可以驱赶公猪到母猪圈试情。母猪不发情应检查原因，并及时采取相应的措施。对于久不发情的母猪，可将公猪赶入母猪圈内追逐爬跨母猪，或将公母猪混养 1 周诱使母猪发情，也可给不发情母猪注射孕马血清 1～2 次，每次肌内注射 5mL，或者用绒毛膜促性腺激素肌内注射 1 000IU，其效果均较好。

（二）妊娠母猪的饲养管理

饲养妊娠母猪的目的在于保证胎儿在母体内得到充分的发育，防止滑胎、死胎和流产，生产出数量多、体质强的仔猪。同时，还要保持母猪中等以上的膘情，为泌乳期多产乳贮备足够的营养物质。保证妊娠母猪健康，才能保证胎儿发育正常。

1. 妊娠母猪的变化　随着妊娠期的延长，母猪的体重增加，机体代谢活动增强。母猪妊娠后代谢活动增强，对饲料的利用率提高，蛋白质合成增强。在饲养水平相同条件下，妊娠母猪体内的营养蓄积比妊娠前多，表现为妊娠母猪的体重会迅速增加。增重是动物的一种适应性反应。母猪妊娠后由于内分泌活动增加，使机体的代谢活动增高，整个妊娠期代谢率增加 10%～15%，后期更是高达 30%～40%，母猪妊娠期间所增加的体重由体组织、胎儿、子宫及其内容物等三部分所构成。妊娠母猪能够在体内沉积较多的营养物质，以满足产后泌乳的需要。初产母猪妊娠全程增重为 36～50kg，而经产母猪增重

27～39kg。一般体重150kg的母猪妊娠期间可增重30～40kg胎儿的生长发育是不均衡的，一般妊娠开始至60～70d主要形成胚胎的组织器官，胎儿本身绝对增重不多，而母猪自身增加体重较多；妊娠70d后至妊娠结束胎儿增重加快，初生仔猪重量的70%～80%是在妊娠后期完成的，并且胎盘、子宫及其内容物也在不断增长。

2. 妊娠母猪的饲养

（1）营养需要　妊娠母猪的营养需要，应该首先满足胎儿的生长发育需要，其次是满足母猪本身体组织增重的需要，以便为哺乳期的泌乳贮备部分营养物质。妊娠前期胎儿发育缓慢，主要是机体各种组织器官的分化形成阶段，所以需要营养物质不多，一般采用低标准饲养，但必须注意日粮配合的全价性。尤其在配种后9～21d，必须加强妊娠母猪的护理和饲料营养的平衡，否则就会引起胚胎的早期死亡。因为受精卵在子宫壁附植初期还未形成胎盘前，由于没有保护物，对外界条件的刺激很敏感，这时如果喂给母猪发霉变质或有毒的饲料，胚胎易中毒死亡。另外，如果日粮中营养不全面，缺乏矿物质、维生素等，也会引起部分胚胎发育中途停止而死亡。由此可见，加强母猪妊娠前期的饲养，是保证胎儿正常发育的第一个关键时期。妊娠后期，尤其是妊娠后的最后1个月，胎儿发育相当迅速，母猪所需营养物质也大量增加。此阶段应喂给母猪充足的饲料，充分满足母猪采食和消化，让母体积蓄一定的养分，以供产后泌乳的需要。同时也可以保证胎儿的营养需要，防止因营养不良而影响胎儿发育。因此，加强母猪妊娠后期的饲养，是保证胎儿正常发育的第二个关键性时期，日粮中最好搭配适量的品质优良的青绿饲料或粗饲料，使母猪有饱腹感，防止产生恶癖行为和便秘，降低饲养成本。妊娠母猪日粮中可含10%～20%的粗纤维。

（2）饲养方式　根据妊娠母猪的营养需要、胎儿发育规律以及母猪的不同体况，分别采取不同的饲养方式。

① 抓两头带中间：这种饲养方式适用于断奶后膘情较差的经产母猪。母猪经过上一次产仔和哺乳，体况消耗很大，往往比较瘦弱。为了使其迅速恢复繁殖体况，必须在配种前约10d和妊娠初期前后1个月左右加强营养。这个阶段除喂给一定量的优质青粗饲料外，应加喂适量全价、优质的精饲料，特别是要富含蛋白质，待体况恢复后再按饲养标准喂养。到妊娠80d后，再次提高营养水平，增加精料喂量，保证胎儿的营养需求和母猪产后的泌乳贮备，形成

“高-低-高”的营养水平，且后期的营养水平应高于妊娠前期。

② 前粗后精：这种饲养方式适用于配种前膘况好的经产母猪。妊娠前期胎儿发育比较缓慢，如果母猪膘情比较好就不需要另外增加较多营养，应适当降低营养水平，日粮组成以青粗饲料为主。而到了妊娠后期胎儿生长发育加快，营养需要增多，再适当增加精饲料的喂量，以提供母猪充足的营养，满足胎儿迅速生长的需要。

③ 步步登高：这种饲养方式适用于处于生长发育阶段的初产母猪和哺乳期配种的母猪。前者本身还处在生长发育阶段，后者生产任务繁重，营养需求量很大。因此，整个妊娠期的营养水平应根据胎儿体重的增长情况而逐步提高，到分娩前1个月达到最高峰。这样既可以满足母猪的营养需求，也可保证胎儿的正常发育。产前3～5d妊娠母猪应减少饲喂的日粮。产仔当天停止饲喂。

（3）饲养技术　实际生产中，妊娠母猪的饲粮可以由精料和一部分青粗料组成，饲喂时为防止母猪挑食，可将精料与青粗料加水搅拌成湿拌料进行饲喂。严格防止饲喂发霉变质或有毒的饲料，冬季也不应饲喂冰冻的饲料，以防止胚胎中毒造成死亡或流产。母猪产前7d左右，口粮应逐渐过渡成哺乳期日粮，严禁骤然更换饲粮，以免引起母猪不适应而造成便秘或腹泻，甚至流产。近年来国内外普遍采取“低妊娠、高泌乳”的饲养技术，即对妊娠母猪采取限量饲养，哺乳母猪则实行充分饲养的方法。因为妊娠期在体内贮备营养供给产后泌乳，造成营养的二次转化，要多消耗能量。同时，妊娠期增重较少的母猪在哺乳期的饲料利用率较高。如果妊娠期营养过于丰富，体脂贮备过多，则会使哺乳期母猪食欲不良，影响泌乳量，减重多，影响断奶后的发情配种。

3. 妊娠母猪的管理　妊娠前期即配种后1～21d为胚胎着床及存活阶段，目的是保胎，因为受精卵形成的胚胎在子宫内呈游离状态，此时容易死亡或被吸收。所以在此期间要减少应激反应的发生，如减少疫苗接种、转群、运输等；此期如果温度过高可造成胎儿死亡、被吸收，导致母猪返情。如果八眉母猪体况一般，宜给八眉母猪以DE≤12.5MJ/kg和CP≤13%为标准的日粮，饲喂水平应为维持需要的1.5倍以下，初产母猪日喂1.5kg/d，经产母猪日喂2.0kg即可维持正常的繁育需要。如果饲喂过多，血液中孕酮水平会降低，导致胚胎存活率降低，但在每吨饲料中增加250～500g多种维生素可以提高受胎率。对于较瘦的母猪配种7d后可适当增加饲喂量。

妊娠中期即配种后22～80d是八眉母体发育及体储恢复阶段，目的是调整好母猪体况。应给以DE≤12.9MJ/kg、CP≤14%为标准的日粮，根据母猪膘情日喂1.8～2.4kg，保持母猪每天增重45g。此时可供给低能量高纤维饲料，防止母猪肥胖、减少便秘、增加饱腹感，减少死胎、干尸、流产的发生。

产前35d的八眉母猪处于胎儿及母体呈曲线生长阶段。目的是提高仔猪初生重和使母猪产后有良好的泌乳性能。从怀孕85d或90d开始使用妊娠后期料，逐渐提高饲料量，以增加母猪营养储备，满足胎儿快速生长发育和乳腺发育的需要。应给以DE≥12.9MJ/kg、CP≥16%、Lys≥0.8%高营养水平的饲粮，日喂2.5～3.0kg。仔猪初生重与仔猪存活率呈正相关。抓好母猪妊娠后期饲养管理，对提高仔猪初生重和母猪产后泌乳量，对提高母猪繁殖性能有重要影响。

（1）注意环境卫生，预防疾病　母猪子宫炎、乳房炎、乙型脑炎、流行性感冒等都会引起母猪体温升高，造成母猪食欲减退和胎儿死亡。因此，做好圈舍的清洁卫生，保持圈舍空气新鲜，认真进行消毒和疾病预防工作，防止乳房发炎、生殖道感染和其他疾病的传播，是减少胚胎死亡的重要措施。

（2）防暑降温、防寒保暖　环境温度影响胚胎的发育，特别是高温季节，胚胎死亡率会增加。因此要注意保持圈舍适宜的环境温度，不能过热或过冷，做好夏季防暑降温、冬季防寒保暖工作。夏季降温措施一般有洒水、洗浴、搭凉棚、通风等。冬季可采取增加垫草、地坑、挡风等防寒保暖措施，防止母猪感冒发热造成胚胎死亡或流产。

（3）做好驱虫、灭虱工作　猪的蛔虫、猪虱等内外寄生虫会严重影响猪的消化吸收、身体健康并传播疾病，且容易传染给仔猪。因此，在母猪配种前或妊娠中期，最好进行一次药物驱虫，并经常做好灭虱工作。

（4）避免机械损伤　妊娠母猪应防止相互咬架、挤压、滑倒、惊吓和追赶等一切可能造成机械性损伤和流产的现象发生。因此，妊娠母猪应尽量减少合群和转圈，调群时不要赶得太急；妊娠后期应单圈饲养，防止拥挤和咬斗；不能鞭打、惊吓猪，防止造成流产。

（5）适当运动　妊娠母猪要给予适当的运动。妊娠的第一个月以恢复母猪体力为主，要使母猪吃好、睡好、少运动。此后，应让母猪有充分的运动，一般每天运动1～2h。妊娠中后期应减少运动量，或让母猪自由活动，临产前5～7d停止运动。

(三)分娩母猪的饲养管理

1. 产前准备　母猪在分娩前要做许多产前准备工作。根据预产期，在母猪临产前5～7d准备好分娩舍，舍内要求温暖干燥，清洁卫生，舒适安静，阳光充足，空气新鲜，温度在23～25℃，相对湿度为65%～75%。母猪调入分娩舍前，必须进行彻底的冲洗和消毒。在彻底清除分娩舍墙角和产床缝隙等处所残留的粪便后，可用0.1%高锰酸钾溶液进行消毒，围墙可用20%的生石灰溶液粉刷消毒。空栏晾晒3～5d后方可调入母猪。产前一周将母猪赶入产房，适应新的环境。产前要将母猪腹部、乳房及阴户附近的污物清除，然后用0.1%高锰酸钾溶液消毒，消毒后清洗擦干，等待分娩。此外，还应准备好接产用具，如消毒药品、照明灯具、剪刀、碘酒、仔猪保温箱、母猪产仔记录卡、耳号钳等。

2. 产前征兆　母猪在分娩前3周左右，腹部急剧膨大下垂，乳房从后到前依次逐渐膨胀，乳头呈“八”字形分开，至产前2～3d更为潮红，乳头可以挤出乳汁。一般来说，前面乳头能挤出乳汁时，约24h后产仔；中间乳头挤出乳汁时约12h后产仔；最后1对乳头挤出乳汁时，约5h后产仔。母猪产前3～5d外阴部红肿异常，尾根两侧下陷，骨盆开张，为产仔做好准备。产前6～8h，母猪起卧不安，行动缓慢慎重，食欲减退。当母猪表现为时起时卧、频频排尿、阴户有羊水流出时，表示仔猪即将产出。

3. 接产技术　母猪一般在夜深人静的时候开始产仔，整个接产过程要求保持环境安静，动作迅速准确。仔猪产出后，立即用清洁的毛巾擦净仔猪口腔和鼻腔周围的黏液，以防仔猪窒息，然后用毛巾或干草擦净仔猪体表的黏液，以免仔猪受冻。仔猪产出后一般脐带会自行扯断，但仍拖着20～40cm长的脐带，此时应及时人工断脐带。断脐时先将脐带内的血液挤向仔猪腹部，在距腹部3～5cm，即三指宽处用手扯断脐带。断脐前后应以5%的碘酒消毒脐部，如脐带断后仍然流血，可用手指捏住断端3～5min，即可压迫止血。

4. 哺乳母猪的饲养

(1) 营养需要　哺乳母猪要分泌大量的乳汁，母猪产仔后40d内的泌乳量占全期的70%～80%。因此，母猪在哺乳期间的物质代谢较高，为提高母猪的泌乳量，哺乳期应给予丰富营养，增加精料供给量，以满足母猪的营养需要。蛋白质合理供给对提高泌乳量有决定性作用。一般哺乳母猪饲料中粗蛋白质含量应为14%左右，并且要注意蛋白质饲料的搭配，努力提高蛋白质的生物学价值，使有限的蛋白质饲料充分发挥作用，以满足泌乳母猪对蛋白质营养的需要。哺乳母猪对热能的需要，一般是在空怀母猪的基础上，按照哺乳仔猪头数来计算，每增加1头仔猪，就多供给1.19MJ的消化能，这相当于每千克含有12.98MJ消化能的饲粮0.4kg。猪乳中矿物质含量在1%左右，其中钙占0.2%左右，磷占0.15%左右。若矿物质不足，则泌乳量降低。为保证泌乳的需要，母猪还要动用骨钙和骨磷，常常引起骨质疏松症而瘫痪，甚至造成骨裂和骨折。维生素对维持母猪健康、保证泌乳和仔猪正常发育都是必要的。因此，对哺乳母猪应尽量多给些富含维生素的饲料。

(2) 饲喂技术　哺乳母猪的营养负担很重，在哺乳期内往往因采食不足而体重有所下降，尤其是泌乳量高的母猪产后体重持续减轻，一直到泌乳后期体重才逐渐稳定下来。据报道，母猪在2个月泌乳期内体重可减轻30～50kg，平均每天减重0.5～0.8kg。因此，哺乳母猪应全期实行强化饲养，以防营养不足而影响泌乳和母猪失重过多而影响繁殖。哺乳母猪饲粮结构要相对稳定，禁止骤变，不喂发霉变质和有毒饲料，以免造成母猪乳质变质而引起仔猪腹泻。哺乳母猪最好喂生湿料［料：水=1：(0.5～0.7)］，有条件的可以喂豆饼浆汁或在饲料中添加经打浆的胡萝卜、南瓜等催乳饲料。母猪哺乳期每日饲喂4次为好，每次饲喂的时间要固定，时间可为每天的6：00、10：00、14：00和22：00。最后一餐不可再提前，否则母猪无饱腹感，夜间常起来拱草觅食，母仔不安，从而增加压死、踩死仔猪的机会，不利于母猪泌乳和母仔休息。母猪哺乳阶段需水量大，猪乳中的水分含量多达80%，只有保证充足清洁的饮水，才能有正常的泌乳量。猪舍内最好设置自动饮水器和贮水设备，使母猪随时都能饮水。仔猪断乳前3～5d，应逐渐减少母猪日粮中的采食量，以促使母猪回奶，膘况差的母猪也可以不减料。母猪在仔猪断奶后的2～3d，应不急于增加饲料，等母猪乳房的皮肤出现皱褶，说明已经回奶，此时再适当加料，以促使母猪早发情和多排卵。

5. 哺乳母猪的管理　哺乳母猪需要安静的环境，尽量减少噪音、大声吆喝或粗暴地对待母猪等各种应激因素。猪舍要保持温暖、干燥、卫生、空气新鲜，要随时清扫粪便。冬季应注意保温，并防止贼风侵袭；夏季应注意防暑，增加防暑降温措施，防止母猪中暑。圈舍、通道、用具等要定期消毒。哺乳母猪最好每天进行适当运动。有条件的地方，一般在分娩3～5d后，让母猪带领仔猪到舍外运动场自由活动，以提高母猪泌乳量，促进仔猪发育。但最初运动距离要短，以防母猪过于疲劳。母猪乳腺的发育与仔猪的吮吸有密切关系，一定要使所有的乳头，特别是青年母猪的所有乳头都能均匀地利用，以促进乳腺发育，提高泌乳量。用湿热毛巾对母猪乳房进行热敷按摩，可以促进乳腺发育，增加泌乳量，同时还可以起到清洗乳房、乳头的作用。管理人员应经常观察哺乳母猪采食、排粪情况、精神状态，以便判断母猪的健康状况，发现异常应及时查清原因，采取相应的措施。母猪分娩结束后，很容易患病，如阴道炎、乳房炎、消化不良等疾病。这些疾病都会影响母猪健康和正常泌乳，应及时治疗。

三、选择种猪时间

猪的选种时间通常分为三个阶段，即断奶时选、6 月龄时选和母猪初产后选。各时间具体的方法如下：

(一) 断奶时选种

应根据父母代与祖先的品质（即亲代的种用价值），同窝仔猪的整齐度以及本身的生长发育（断奶重）和体质外形进行鉴定。外貌要求无明显缺陷、失格（失格主要指不合育种要求的表现，如乳头数不够，排列不整齐，毛色和耳形不符合品种要求等）和遗传疾患（遗传疾患如疝气、乳头内翻、隐睾等）。

这些性状在断奶时就能检查出来，不必继续审查，即可按规定标准淘汰。由于在断奶时难以准确选种，应力争多留，便于以后精选，一般母猪至少应达 2∶1，公猪 4∶1。

(二) 6 月龄时选种

这是选种的重要阶段，因为此时是猪生长发育的转折点，许多品种此时可达到 90kg 活重左右。通过本身的生长发育资料并参照同胞测定资料，基本上可以说明其生长发育和肥育性能的好坏。这个阶段选择强度应该最大，如日本实施系统选育时，这一淘汰率达 90%，而断奶时期初选仅淘汰 20%。这是因为断奶时期对猪的好坏难以准确判断。

6 月龄选种应重点考虑从断奶至 6 月龄的日增重或体重、背膘厚（活体测膘）和体长，也要结合体质外貌和性器官的发育情况，机能形态应注意以下几点：

1. 结构匀称，身体各部位发育良好，体躯长，四肢强健、结实。背腰结合良好，腿臀丰满。

2. 健康，无传染病（主要是慢性传染病和气喘病），有病者不予鉴定。

3. 性征表现明显，公猪还要求性机能旺盛，睾丸发育匀称，母猪要求阴户和乳头发育良好。

4. 食欲好，采食速度快，食量大，更换饲料时适应较快。

5. 符合品种特征的要求。

（三）母猪出产后（14～16 月龄）选种

此时母猪已有繁殖成绩，因此，主要据此选留后备母猪。在断奶阶段，虽然考虑过亲代的繁殖成绩，但难以具体说明本身繁殖力的高低，必须以本身的繁殖成绩为主要依据。

当母猪已产生第一窝仔猪并达到断奶时，首先淘汰产出畸形、脐疝、隐睾及毛色和耳形等不符合育种要求的仔猪的母猪和公猪，然后再按母猪繁殖成绩和选择指数高的留作种猪，其余的转入生产群或出售。日本实施的系统选育计划中母猪出产后规定留种率为 40%，而我国一般种猪场此时的淘汰率很低。

目前，我国种猪场的选择强度不大。一般要求公猪（3～5）：1，母猪(2～3）：1。就是说，要选留一头种猪，需要有三头断奶仔猪供选择。因此，我们应根据现场情况和育种计划的要求，创造条件适当提高选择强度。

四、公母猪数量比例

较合理的八眉母猪群体结构为 1～2 胎母猪占整个生产母猪的 30%，3～7 胎母猪占 65%，7 胎以上母猪占 5%。为有效长期进行保种场保种选育工作，应有计划选留优良的后备八眉母猪，不断更新保种猪群，使保种猪群的质量不断提高，选留的后备八眉母猪应符合保种选育计划规定的品种或杂交组合。采取随机交配的方法，合理确定各家系中公母猪比例。随机交配可防止因选择交配造成的基因丢失问题出现。在留种当中，科研单位和生产单位要密切配合。坚持各家系等量留种的原则，加强研究，合理确定公母留种比例。

五、家系之间再选种

八眉猪的生长速率远低于国外引入品种，且其胴体性能也不太理想。利用该品种直接肥育生产猪肉很不经济，应继续开展保种选育，在保持其优良特性的基础上，提高其生长速率和胴体品质。由于八眉猪一般配合力较高，因此，充分发挥其基础母本作用，利用杂种优势生产商品肉猪，这样既能保持八眉猪的优点，又能使其生长、肥育和胴体性能达到较满意的水平，促进八眉猪的保护利用。

八眉猪种质资源独特，是在青海高原特定环境下，经过长期自然和人工选择而形成的地方猪种。互助八眉猪肉质特点，具有适应性强、性早熟、抗逆性好、产仔多、母性好、沉积脂肪能力强（是肉味鲜美的主要原因）、肉质好、能适应贫瘠多变的饲养管理条件、遗传性状稳定、对近交有抗力等特性。目前西北地区八眉猪有6～8个家系，利用八眉猪各家系的特点，建立相应的繁育体系，适量保种，使其子代具有生长快、耐粗饲的特性，且肉质好、肉色红而微暗、肉切面呈大理石纹状、味香，贮积脂肪能力强，皮下脂肪为乳白色，切面呈颗粒状。

六、育种中的特殊要求

八眉猪是一个历史悠久的古老品种，具有适应性强、抗病力强、母性好、耐粗饲、肉质细嫩和杂交配合力强等特点。但是八眉猪普遍具有卧系，易得喘气病，因此，在八眉猪育种中要注意在保留原来优点的同时，在保持外来血统不超过1/4的情况下，适当引入外来血统，改良卧系和喘气病这一地方品种的劣势。

第三节　种猪性能测定

八眉猪品种繁育的核心是进行选择，而单靠外形鉴别是不够的，有些性状只有做到精确度量才能正确估计育种值，再将育种值作为选择的依据。而所谓的种猪性能测定，是按照测定方案将种猪置于一个相对一致的标准环境下进行度量的全过程，再根据测定信息与结果进行评估、分级与良种登记等。这种方式已经广泛应用于场间的种猪选择。

一、测定猪选择

（一）自繁后备猪的选择

后备猪的选择过程，一般经过4个阶段：

1. 断奶阶段选择　第一次挑选（初选）可在仔猪断奶时进行。挑选的标准为：仔猪必须来自母猪产仔数较高的窝中，符合本品种的外形标准，生长发育好，体重较大，皮毛光亮，背部宽长，四肢结实有力，乳头数在5对以上，没有遗传缺陷。

从大窝中选留后备小母猪，主要是根据母亲的产仔数，断奶时应尽量多留。一般来说，初选数量为最终预定留种数量公猪的10～20倍以上，母猪5～10倍以上，以便后面能有较高的选留机会，使选择强度加大，有利于取得较理想的选择进展。

2. 保育结束阶段选择　保育猪要经过断奶、换环境、换料等几关的考验，保育结束一般仔猪达70日龄，断奶初选的仔猪经过保育阶段后，有的适用力不强，生长发育受阻，有的遗传缺陷逐步表现，因此，在保育结束拟进行第二次选择，将体格健壮、体重较大、没有瞎乳头、公猪睾丸良好的初选仔猪转入下阶段测定。

3. 测定结束阶段选择　性能测定一般在5～6月龄结束，这时个体的重要生产性状（除繁殖性能外）都已基本表现出来。因此，这一阶段是选种的关键时期，应作为主选阶段。应该做到：①凡体质衰弱、肢蹄存在明显疾患、有内翻乳头、体型有严重损征、外阴部特别小、同窝出现遗传缺陷者，可先行淘汰。要对公母猪的乳头缺陷和肢蹄结实度进行普查。②其余个体均应按照生长速度和活体背膘厚等生产性状构成的综合育种值指数进行选留或淘汰。必须严格按综合育种值指数的高低进行个体选择，该阶段的选留数量可比最终留种数量多15%～20%。

4. 母猪配种和繁殖阶段选择　这时后备种猪已经过了三次选择，对其祖先、生长发育和外形等方面已有了较全面的评定。因此，该时期的主要依据是个体本身的繁殖性能。对下列情况的母猪可考虑淘汰：①至7月龄后毫无发情征兆者；②在一个发情期内连续配种3次未受胎者；③断奶后2～3月龄无发情征兆者；④母性太差者；⑤产仔数过少者。公猪性欲低、精液品质差，所配母猪产仔均较少者淘汰。

（二）种公猪的选择

体型外貌：要求头和颈较轻细，占身体的比例小，胸宽深，背宽平，体躯要长，腹部平直，肩部和臀部发达，肌肉丰满，骨骼粗壮，四肢有力，体质强

健，符合本品种的特征。

繁殖性能：要求生殖器官发育正常，有缺陷的公猪要淘汰；对公猪精液的品质进行检查，精液质量优良，性欲良好，配种能力强。

生长肥育性能：公猪体重达80kg的在8月龄以下；耗料少，生长肥育期每千克增重的耗料量在2.8kg以下；背膘厚，100kg体重测量时，倒数第三到第四肋骨离背中线6cm处的超声波背膘厚在35mm以下。

（三）种母猪的选择

体型外貌：外貌与毛色符合本品种要求。乳房和乳头是母猪的重要特征表现，除要求具有该品种所应有的奶头数外，还要求乳头排列整齐，有一定间距，分布均匀，无瞎、内翻乳头。外生殖器正常，四肢强健，体躯有一定深度。

繁殖性能：后备种猪在6～8月龄时配种，要求发情明显，易受孕。淘汰那些发情迟缓、久配不孕或有繁殖障碍的母猪。当母猪有繁殖成绩后，要重点选留那些产仔数高、泌乳力强、母性好、仔猪育成多的种母猪。根据实际情况，淘汰繁殖性能表现不良的母猪。

生长肥育性能：可参照公猪的方法，但指标要求可适当降低，可以不测定饲料转化率，只测定生长速度和背膘厚。

二、种猪性能测定方法

（一）性能测定的方式

由于八眉猪的规模比较小，种猪测定一般采用场内测定，同时结合屠宰测定。公猪性能测定应单栏饲养，后备母猪生长发育测定应尽量在一致的环境条件下进行测定，母猪繁殖性能测定要记录同窝仔猪的遗传缺陷性状。被测定种猪必须有个体系谱及其他记录档案，所有仔猪都必须编耳号。在现场测定中，所有性状记录在本猪场进行。这种方式适用于猪繁殖性能和生长性状的测定。随着八眉猪的保种工作的进行，八眉猪群体的不断扩大，后期也会考虑采用测定站测定的方式。

（二）性能测定的技术规程

种猪测定技术规程是规范种猪测定过程中各项技术操作的具体规定。拟定规程应把握的基本原则是：测定方案的效率、测定结果的准确性与可靠性、测定方案的可行性。也就是说，拟定种猪技术测定规程，应结合我国种猪生产实际，既要获得准确可靠的测定结果，也要便于操作，可行性强，最终应起到遗传改良效果。

1. 受测猪的选择

（1）受测猪编号清楚，有三代以上系谱记录，符合品种要求，生长发育正常，健康状况良好，同窝无遗传缺陷。

（2）送测猪场必须是近 3 个月内无传染病疫情，并出具县级以上动物防疫监督机构签发的检疫证明。送测猪送测前 10d 应完成必要的免疫注射，并佩有法定的免疫标识。

（3）送测前 15d 将送测猪在场内隔离饲养，省种畜禽质量监测站种猪质量监督检验测试中心派工作人员协同场内测定员每头采集 2mL 血清，送省或省级以上动物防疫监督机构进行省种畜禽质量监测站种猪质量监督检验测试中心要求的血清学检查，根据检验结果确定送测猪。

（4）送测猪在 70 日龄以内，体重 25kg 以内，并经 2 周隔离预试后进入测定期。

2. 测定性状　个体性能测定方案应测定的性状有：达 100kg 体重日龄及活体背膘厚、测试期间饲料转化率。如有可能再进行同胞屠宰测定，测定的主要性状包括：胴体重、平均背膘厚、眼肌面积、腿臀比例、胴体瘦肉率、肌肉颜色、肌肉 pH、系水力（或滴水损失）、大理石纹、肌内脂肪含量等。

3. 测定方法

（1）种猪收测在 2d 内完成，送猪车辆必须彻底清洗，严格消毒。省种畜禽质量监测站种猪质量监督检验测试中心接到送测猪后，重新打上耳牌，由测定员按规定进行以下各项检查：系谱资料，健康检查合格证和血清学抗体检验结果，场地检疫证书。

（2）送测猪到省种畜禽质量监测站种猪质量监督检验测试中心后，以场为单位进入隔离舍观察 2 周，经兽医检查合格后进入测定。

（3）送测猪隔离观察结束后随机进入测定栏，转入测定期。

（4）在隔离期和测定期间均自由采食，可单栏饲养，也可群饲。

（5）个体重达 27～33kg 开始测定，至 85～105kg 时结束。同时进行称重及活体背膘厚测定。记录饲料耗量。

（6）送测猪患病应及时治疗，1周内未治愈应退出测定，并称重，停止喂料；若出现死亡，应有尸体解剖记录。

（7）测定结束后，若屠宰应进行胴体测定和肉质评定。

4. 测定猪的饲养管理　测定猪栏舍条件应尽量一致，根据不同品种、不同生长阶段的营养需要确定相应的营养水平和相应的饲料配方。性能测定公猪单栏喂养，2头全同胞或6头半同胞一栏，均采用自由采食，自由饮水。或采用ACEMA电子识别自动记料系统，一般12～15头一个单元群养。

5. 测定成绩评定　种猪测定结束后，根据测定结果，按估计育种值或综合选择指数进行性能评定。

6. 测定成绩的公布及合格种猪的利用　测定结束后由各育种场填报省种畜禽质量监测站种猪质量监督检验测试中心审查后，由省种畜禽质量监测站种猪质量监督检验测试中心统一申报，并予以公布。经测定判定不合格的种猪，应予以淘汰，不能留作种用；经测定判定合格的种猪，除进行良种登记外，可进行现场拍卖；对优良种猪应送人工授精站，以充分发挥优良种猪的作用。

（三）性能测定的注意事项

测定数据是整个选育工作的源头，其准确性是成败的关键。可能影响准确性的因素很多，我们择要尽力给予从严控制。

1. 营养供给　细分猪的饲养阶段，给出合理的饲料营养标准和相应饲喂数量，并在不同的季节做出适量调整。对饲料和添加剂原料严格把好质量关，对某些原料进行膨化、发酵处理。

2. 环境控制　可通过给猪舍安装湿帘通风，产房、保育舍采用地暖等综合措施，以减少恶劣气候对猪的不利影响。

各类猪舍都采用机械刮粪装置，干粪经充分发酵成农田优质肥料；剩余的水粪经过高效厌氧产沼-沼气发电-脱碳除磷一体化塘-强化生态净化塘-无土栽培-土壤毛细管渗滤-潜流式人工湿地等循环处理达标排放。良好的粪污处理措施净化了猪场的内外环境。

3. 健康保障　严格控制生产区内外和不同生产区的人员、物品往来，构筑好坚实的防疫墙。

在总体免疫程序规范下，制订分阶段实施的责任制，形成绵密的免疫网络。每季度进行各类猪只免疫抗体水平检测，实时监控群体健康状态。

制定重大疫情应急预案，以便在有疫情威胁时能及时做出反应，迅速形成有效应对措施，在统一指挥下高效、有序地工作，保障猪群健康。

4. 测定设备　公猪测定可以采用奥饲本全自动种猪性能测定系统，称重设备有专用电子秤，活体测定背膘可采用 AQUILA VET B 型超声波测膘仪。

5. 人员培训　以培训教材为依据结合具体的测定设施、工作程序制订操作细则。采取一人主测、一人复核的办法，力求测定数据准确。将初选、转群、测定、资料计算、选种、制订选配计划等工作安排成周工作制。

三、留种要求

（一）种母猪的留种要求

八眉猪的选留需要符合本品种特征、身体健壮、产仔数多、泌乳力强、护仔性能好、仔猪成活率高和采食力强的母猪，具体要求如下：

1. 体型外貌　八眉猪头狭长，耳大下垂，额上有倒“八”字形的皱纹，被毛黑色。按体型外貌和生产特点，分为大八眉、二八眉和小伙猪三种类型。

背腰稍凹陷，肋骨开张，胸宽、深而开阔。背前与肩、背后与腰的衔接要良好。腹部稍下垂也可以。

臀部要长、宽、平或微斜，肌肉较丰满，尾根高。臀部宽广的母猪，骨盆发达，产仔容易且数量多。

四肢结实，系短而强健，四肢蹄形一致，蹄壁无裂纹。行动灵活，步伐开阔，无内外“八”字形。前肢之间距离要大，不能有 X 形肢势；后肢间要宽，在后面的两个乳头要离得开。行走时两侧前后肢在一条直线上，且不左右摆动。

乳头排列整齐，两行乳头的排列应对称或呈“品”字形，无瞎乳头、翻乳头或无效乳头，按品种特征规定至少应有几对发育正常的乳头。同时还要重视乳头的形状，要选“泡通奶”，不选“钉子奶”。所谓泡通奶，是形容乳头的形状如泡通（即通草），形状长，大而钝；所谓钉子奶，是形容如乳头像铁钉，形状比泡通奶短，小而尖。特别是临产前和哺乳期中的乳头，区别更为明显。泡通奶乳丘充盈发达，泌乳机能好；乳池部膨大，蓄奶多；乳头管较粗，排乳快。钉子奶则相反。两种乳头哺乳仔猪的差异，在母猪哺乳的中后期表现比较明显。选留的母猪使用年限 4 年左右，即分娩 7～8 胎后就要淘汰更新。

2. 注意事项　对于产仔数多、母性强、耐粗饲、对当地自然环境条件有较强的适应性的母猪，可选留。配种要根据需要来选用优良种公猪。

选留母猪时，应设法了解其父母及其直系亲缘关系的生产性能，要从饲料利用率高、增重快、肉质好、屠宰率高、母性强、产仔数多、泌乳力强、仔猪生长发育快、断奶重高的优良公母猪的后代中，挑选母猪的预选对象。

在选留好优良公母猪后代的基础上，有目的有计划地在仔猪哺乳期重点培育2～3头仔猪，把预选母猪的对象固定在母猪前面2～4对乳汁最足的乳头上吃奶，并做好疾病防治工作，严防在仔猪阶段下痢。从哺乳期开始直到断奶时应多次挑选，把外形上有严重缺陷、患有疾病和生长发育缓慢的淘汰。

新留母猪断奶后，应逐渐以良好的青粗饲料为主饲料。用青粗饲料喂后备母猪，可以锻炼其胃肠功能，到成年后能适应繁殖力强、泌乳力强的需要。豆科牧草含有雌性激素，能提高母猪的繁殖力，饲喂后备母猪的青粗饲料以豆科牧草为佳。为保证营养全面，还应适当地搭配糠麸类饲料，补充一定的油饼、鱼粉等蛋白饲料。

在管理上，在新留母猪的圈内应设有运动场，也可以结合圈舍内放牧进行运动，以增强母猪的新陈代谢机能。应保证猪舍清洁干燥，并定期消毒，勤换勤晒垫草。同时应注意猪体皮肤的清洁卫生，定期进行驱虫和预防注射。要使新留母猪养成定时吃、定时睡、定点排粪尿等良好习性。

3. “两选”“一注意”，留好种母猪　为了保猪源，要根据繁殖性能的要求，按“两选”“一注意”留好种母猪。“两选”，一是断奶期选。要采取窝选和个体选相结合的方法，就是从断奶成活9头以上的仔猪中，挑选发育整齐、未出现遗传缺陷的优秀个体，标准是体重大、体质外形好、有7对以上乳头、阴部正常的小母猪。二是后备期选。主要是断奶至6月龄，按日增重和体质外形来选择，要选择生长快、背腰薄、体质外形好的小母猪作种，并进行复查。有瞎乳头、阴户过小而向上翘的个体，不能作种用。“一注意”：查清仔猪血统，避免其父本和母本是近亲。

（二）种公猪的留种要求

1. 体型外貌

（1）品种特征　八眉种公猪的选择特别是纯种公猪必须符合种用的要求。体格中等，结实匀称，体躯呈长方形，头较狭长，额有“八”字纹，耳大下垂。鬃坚硬，呈黑色。

（2）身体结构　整体结构要匀称、协调，头大而宽，四肢强健，蹄趾粗壮、对称，无卧系或卧系不明显。

（3）性特征　睾丸发育良好、对称，无单睾、隐睾，包皮积尿不明显，性欲旺盛，无翻转乳头和副乳头，且具有6～7对以上。

（4）系谱资料　系谱选择必须具备完整的记录档案，根据记录分析各性状逐代传递的趋向，选择综合评价指数最优的个体留做种用。

（5）个体生长发育　个体生长发育选择，是根据种公猪本身的体重、体尺发育情况，测定种公猪不同阶段的体重、体尺变化速度，在同等条件下选育的个体，体重、体尺的成绩越高，种公猪的等级越高。对幼龄小公猪的选择，生长发育是重要的选择依据之一。

2. 选择留种公猪的两个原则

（1）选择家系优良的种公猪。

（2）避免具有明显缺陷的种公猪留种，如卧系、凹背等。

第四节　选配方法

选种是选配的基础，但选种的作用必须通过选配来体现。利用选种改变群体动物的基因频率，利用选配有意识地组合后代的遗传基础。有了良好种源才能选配；反过来，选配产生优良的后代，才能保证在后代中选种。选配有同质选配、异质选配和亲缘选配三种类型。

1. 同质选配　同质选配指的是选用性能和外形相似的优秀公母猪来配种，从而获得与公母猪相似的优秀后代。通过同质选配使亲本的优良性状稳定地遗传给后代，使优良性状得以保持与巩固，并在猪群中增加具有这种优良性状的个体。

2. 异质选配　异质选配有两种情况，一是选择同一性状但优劣程度不一样的公母猪（一般公猪优于母猪）配种，从而使后代能取得较大的改进和提高。例如，有些优良母猪只在某一性状上欠佳，可选一头在这个性状上特别优异的公猪与之交配，给后代加入了优良基因，使后代的该性状有所改善。二是选择具有不一样优良性状的公母猪配种，从而获得兼有双亲不一样好处的后代。例如，体躯长与腿围大的公母猪交配，后代表现体躯长且腿围大。

3. 亲缘选配　按综合选择指数选配时，在指数相同或相近的两个体间进行选配时，整体上可视为同质选配，但就指数内单个性状而言可视为异质选配。在制订选配计划时往往以综合选择指数值为依据，同时考虑参配个体间的亲缘关系，即近交系数不得高于 12.5%。近交能促进基因的纯合，获得稳定的遗传，适度近交是可行的，也是必要的，个别情况下不超过 10%是可以接受的。

种猪选配的实际操作具体方法及要点如下（图 4-1）。

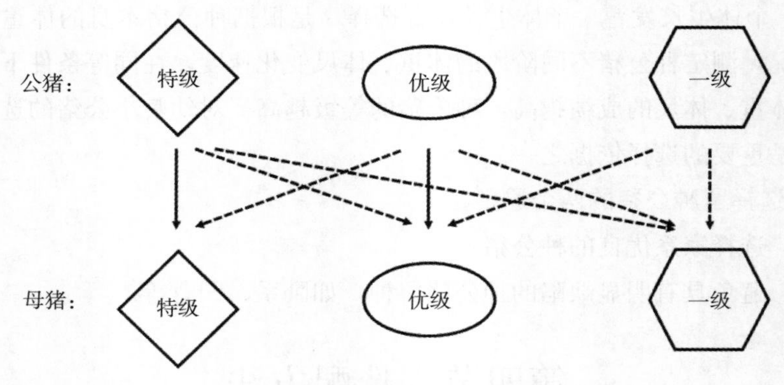

图 4-1　八眉猪选配方案

（1）公、母猪根据综合选择指数值大致分为：特级、优级和一级，将参加本配种时段的公、母猪按综合选择指数值大致分成特级、优级、一级三个群体。正常的状态下，特级和一级数量较少，优级数量略多。

（2）在特级母猪群中，应以特级公猪与之配合为主，不得选一级公猪配合，在优级母猪群中，则以优级公猪与之配合为主，其余尽量安排特级公猪与之配合。在一级母猪群中，以优级和一级公猪为主，少量以特级公猪进行异质选配。

（3）通过选配，可使特级公猪的与配母猪比平均数多 20%～30%，一级公猪的与配母猪比平均数少 20%～30%。

（4）为控制群体近交程度不致过快上升，一般控制亲缘系数在 12.5%以下，少数也不得突破 25%。

（5）为迅速巩固某一特定性状，可采用半同胞以上的亲缘选配；特殊需要可采用全同胞和亲子交配。亲子交配以限 1 次为度，全同胞交配以限 2 次为度，其后的选配须拉开亲缘距离，亲缘选配的总量须限制在全群的 10%以内。

（6）制订详细的选配计划表，并遵照执行。

后备种猪的选配计划每月制订一次，其他各胎次母猪的选配计划每半月制订一次（包括综合选择指数的再计算）。

4. 注意事项

（1）选择单个血缘的公猪与血缘母猪配对时，可能出现某些独立血缘种猪单头的情况。所以在对应的亲缘相关系数最小的母猪数量比较多的时候，必须扩繁选育，尽早选择优秀的后代核心群种公猪，多选留几头，可防止种质资源的流失。

（2）核心群母猪数量是有限的，所以在选配过程中要防止某个血缘某头公猪过多的选配，不要影响其他公猪的选配。如果某个公猪后代表现都很优秀，那么在有足够的母猪供其他选配的情况下，可以尽量多配，以生产出更多的优秀种猪后代。

（3）在流失了某个血缘公猪、缺少独立血缘的情况下，可以用单独血缘公猪和血缘少的母猪选配。因为母猪占了血缘的一半，所以之后可以母猪血缘为品系，但一定要做好记录，不要再和该血缘的种母猪选配。

第五节　提高繁殖成活率的主要方法

母猪的产仔数和仔猪成活率是猪场的一个重要生产指标，直接影响猪场经济效益。母猪繁殖力及其仔猪成活率与母猪的品种、年龄、胎次、体质、饲养水平、母猪排卵数、与配公猪及配种方法、受精率等有关。因此，要根据母猪的繁殖生理状况，采取科学有效的技术措施来提高母猪窝产仔数及母猪产仔成活率。

一、遗传因素

（一）不同父本对八眉猪年生产能力的影响

胡明德研究了与长白、大约克和杜洛克杂交的八眉猪繁殖性能，发现长白、大约克作父本试验组总产仔数、产活仔数和断奶仔猪数性能较好，分别达到 10.7、9.6、8.8 头；大约克、杜洛克作父本试验组初生质量、断奶质量均比长白作父本高。

仔猪和肥育猪是养猪场的两大主要产品。若仔猪价格好，应以出售仔猪为主，饲养肥育猪为辅；若仔猪价格低则以肥育猪生产为主，仔猪出售为辅。因此，如仔猪价格好，以大约克作父本生产仔猪将有利于最大限度提高八眉猪年生产能力；如生猪价格好，以杜洛克作父本生产肥育猪将有利于最大限度提高八眉猪年生产能力。

（二）不同胎次对八眉猪繁殖能力的影响

八眉猪不论纯繁还是与长白、大约克夏杂交，其繁殖性能均以第 1 胎较低，以后随胎次增加，其繁殖性能逐渐提高，在 3～6 胎达到高峰，此后逐胎下降。因此，八眉猪在完成 7 胎以后可考虑淘汰，以降低饲养管理费用。

（三）杂交优势

繁殖性能高低是衡量种猪种用价值的重要指标，其属于低遗传力性状，纯种繁育进展缓慢，而杂交容易获得较明显的杂种优势。

二、饲养管理

（一）提高母猪年产窝数

1. 加强怀孕母猪和哺乳母猪的饲养管理　为了满足怀孕母猪和哺乳母猪不同阶段的营养需要，对母猪怀孕初期、后期和母猪哺乳初期应加喂精料、青绿多汁饲料和矿物质饲料；母猪怀孕中期则相反，需多喂粗料，适量加入精料。同时还要避免使用发霉、变质、冰冻、有毒和刺激性的饲料饲喂怀孕母猪，以防止母猪流产和产死胎。此外，还要促使母猪适当运动，多晒太阳，以增强体质。

2. 加强母猪哺乳后期和空怀期的饲养管理　母猪哺乳后期和空怀期应多喂粗料，适量加入精料，使母猪保持适宜的体重，以利配种。因为母猪过肥或过瘦均会影响其正常排卵和发情。

3. 适时仔猪断奶　仔猪在 30～35d 断奶较为合适。此外，还要改进配种技术，努力提高受胎率，及时淘汰低产、生殖器官有病变的劣质母猪。争取每头母猪年产 2 窝或 2 年产 5 窝仔猪。

（二）提高母猪窝产仔数

1. 掌握时机，适时配种　母猪一般在发情后的24～36h开始排卵，排卵持续时间10～15h，卵子在输卵管内能存活8～12h。据报道，排卵前6 h配种，胚胎成活率为88%，排卵后14 h配种，胚胎成活率仅为36%，说明配种时间愈迟，胚胎死亡率愈高。因此，适时配种十分重要。母猪发情持续期和排卵时间还同时受年龄大小的影响，因此在给母猪配种时还应考虑母猪的年龄。笔者认为，老母猪一般发情持续期短，排卵时间较早，配种时间要适当提前，最好是当天早晨发情，当天晚上配种1次；小母猪发情持续期一般较长，排卵时间也较迟，因此应在发情后的第3天配种；中年母猪发情持续期处于二者之间，一般配种时间最好选在发情后的第2天。此外，由于母猪排卵要持续8～15h，因此，采取2次输精或交配，产仔数可提高20%～30%，2次输精或交配的时间间隔为8h。

2. 注意饲料日粮中的各种营养成分搭配　母猪怀孕后，胚胎有3次死亡高峰，即13～18d胚胎迅速由圆变长，开始植入子宫，此时如果各种营养不足，胚胎死亡最多；怀孕20～30 d正是胚胎器官形成阶段，由于胚胎在胎盘中争夺其生长发育所必需的营养物质，强存弱亡，在这个时期损失亦较大；怀孕60～90d胎盘发育停止，胚胎迅速发育，往往也会因各种营养供不应求，又有一批死亡。因此，加强怀孕母猪前期的各种营养很重要。试验证明，高能量饲料不利于胚胎正常着床和发育，这是因为能量过高，易使猪体变肥，子宫体周围、皮下和腹膜等处脂肪沉积过多，影响并导致子宫壁血液循环障碍，造成胚胎营养不足，发育中断。该期间若饲喂一定量的精料，然后补给足够的青绿多汁饲料和矿物质，可提高母猪产仔数。

3. 注意妊娠母猪早期管理　母猪妊娠早期，特别是配种后的15d内，由于胚胎还未在子宫内着床，缺少胎盘的保护，容易受到不良因素的影响，引起部分胚胎发育中断或死亡。因而要加强母猪该阶段的管理，防止各种应激，这是决定妊娠母猪一胎多仔的关键。

（三）提高仔猪育成数

1. 吃足初乳　因为初乳中各种营养物质高于常乳，并含有较多镁盐，利于排出胎粪，而且酸度也高于常乳，能促进消化器官活动，更重要的是含有大量抗体,可提高仔猪免疫力。因此，应在仔猪出生后尽早吃足初乳，最迟不超过3h。

2. 固定奶头　母猪每次围奶时间较短，如果仔猪吃奶的乳头不固定，就会争夺乳头，强夺弱食，既干扰了母猪的正常泌乳，又导致仔猪的发育不齐，致使体小仔猪瘦弱死亡。因此，应在仔猪出生后2d内固定奶头。由于母猪胸部奶头比腹部奶头乳量多、质量好，可让弱小仔猪吮吸胸部奶头，使全窝仔猪均衡发育。

3. 补铁补料　铁是造血的原料，初生仔猪体内储备的铁只有30～50mg。仔猪正常生长每天需要7～8mg，而仔猪每天从母乳中只能得到1mg。如果不给仔猪补铁，其体内储备铁将在1周内耗尽，极易造成仔猪贫血、免疫力降低，所以要及时设法给哺乳仔猪补充铁等矿物质。具体做法是，经常给猪圈内撒些未污染的红黏土，特别是对水泥地面的猪舍，可以减少疾病的发生。另外，在彻底断奶前，应提早给仔猪补饲，促进其肠胃发育，增强抗病力。有试验证明，仔猪出生后第7天开始补饲，至60日龄断奶时，平均体重在15 kg以上；而在第30天开始补饲的，到60日龄断奶时平均体重只有10 kg，尤其是冬季更应给仔猪提早补饲。补饲的同时还要注意供给充足的饮水。

4. 保温防压　初生仔猪需要的最佳舍内温度是32℃，直至2月龄时还需22℃，因此如果外界气温低，仔猪就会活力差，爱钻垫草，无精力吮乳，极容易被压死或饿死。同时低温也是造成仔猪下痢的诱因。

三、环境因素

注意环境卫生，防止疾病。

猪舍应经常保持干燥、清洁、安静、空气新鲜，特别是母猪分娩时，过分的噪音、惊吓等应激极易造成母猪分娩后无奶。同时还需常备一些消毒药，适时给猪舍消毒；此外，仔猪哺乳期易患黄、白痢疾，因此还应常备一些常用止泻药。

母猪怀孕后的21d对热很敏感，尤其是怀孕的头7d。据报道，怀孕母猪在32～39℃的持续高温下生活24 h，胚胎死亡率就会增加。因此，在母猪怀孕的前21d内，最好设法使舍内气温不超过27℃。有人发现，炎热夏季给怀孕母猪洒凉水的产仔多，反之则产仔少。因此，母猪如在夏季怀孕，应采取必要的降温措施，保持舍内凉爽。此外，还要对怀孕母猪增加光照时间，使其每天光照达17h，以减少胚胎死亡，提高产仔数。

第五章
营养需要与常用饲料

目前国内猪的营养需要是根据美国 NRC 标准统一制定，但是，这只针对外来引入品种，针对国内地方品种未制定统一标准，本章结合 NRC 标准与八眉猪饲养现状的调查结果，对目前八眉猪的营养需要和饲料进行介绍。

第一节　营养需求

本节根据品种的生长发育特点和长期饲养的经验总结，提出不同阶段八眉猪日粮主要营养素的搭配指标。

一、八眉猪消化代谢特点

八眉猪主要分布在陕西、甘肃、宁夏、青海等地，是一个地方猪种。属兼用型，具有适应性好、抗逆性强、耐粗饲、耐粗放管理、产仔多、贮积腹脂能力强等优点，但在一般生产条件下有生长发育慢、饲料报酬低的缺点。

2011 年青海省互助土族自治县东和乡畜牧兽医服务中心的麻多杰研究，青海省八眉猪保种场 2010 年 2 月 9 日产八眉三元仔猪 50 头，平均体重 35kg；互助土族自治县李丰猪场 2010 年 1 月 29 日产八眉三元仔猪 55 头，平均体重 40kg。两个场的 105 头猪在观察栏中进行预饲养 15～21d，及时进行驱虫，并按要求注射猪 O 型口蹄疫灭活苗、猪瘟活疫苗、猪繁殖与呼吸综合征灭活疫苗，然后放入发酵舍内饲养。上述 2 家猪场共有试验猪 105 头，从试验开始到出栏平均饲养 60d，平均每头增重 45kg，日增重 750g，共用饲料 14 742kg，料重比为 3.12∶1。

青海大学农牧学院杨葆春和青海互助八眉猪保种场刘永福（2009）对青海互助八眉猪保种场的12头青海八眉仔猪（公母各半）进行肥育，育肥结束后随机选择6头屠宰，测定其胴体和肉质性能，育肥日粮组成为：玉米57.7%、麸皮20%、豆粕12%、菜饼7%、预混料3.3%。每1kg日粮含DE 13.72MJ、CP 13.61%时，体重从15kg开始，80kg结束，记录全期的总耗料量和试验结束时的体重与国内外部分品种进行比较（表5-1至表5-3）。

表5-1 青海八眉猪的肥育性能及与部分品种的比较

项目	日增重（g）	料重比
青海八眉猪	409.86±81.36	4.09∶1
藏猪	173.0	—
香猪	233.2	—
太湖猪	385.0	4.26∶1
民猪	458.0	3.24∶1
荣昌猪	488.0	3.28∶1
杜洛克猪	760.0	2.55∶1

注：引自于刘永福《八眉猪肥育和胴体性能及与部分品种的比较分析》（2009）。

表5-2 青海八眉猪的胴体性能及与部分品种的比较

品种	头数	屠宰率（%）	瘦肉率（%）	胴体长（cm）	平均膘厚（cm）	眼肌面积（cm^2）	后腿比例（%）
八眉猪	6	70.19±1.50	46.25±1.70	78.12±3.55	3.38±0.44	22.72±2.42	25.18±2.80
二花脸猪	—	68.2	41.03	74.80	4.34	20.10	24.16
内江猪	—	73.0	42.09	75.25	3.07	18.81	29.53
民猪	—	72.5	47.63	79.00	3.40	23.92	29.60
杜洛克猪	—	72.4	61.48	85.86	2.67	39.63	31.79

注：引自刘永福《八眉猪肥育和胴体性能及与部分品种的比较分析》（2009）。

表5-3 青海八眉猪的肉质性能及与部分品种的比较

品种	头数	pH	肉色（分）	大理石纹（分）	失水率（%）	熟肉率（%）	肌内脂肪（%）
青海八眉猪	6	6.43	3～4	3.25	18.86±3.36	66.12±1.12	7.16±1.32
民猪	—	6.64	—	3.28	20.42±1.61	60.63±0.40	5.22±0.40

（续）

品种	头数	pH	肉色（分）	大理石纹（分）	失水率（%）	熟肉率（%）	肌内脂肪（%）
二花脸猪	—	6.55	—	3.01	17.04±1.85	61.98±1.05	4.48±0.08
内江猪	—	6.69	—	3.31	14.11±0.75	73.75±0.70	5.42±1.20
杜洛克猪	—	5.69	—	2.76	22.04±7.30	62.80±1.51	2.68±0.69

注：引自刘永福《八眉猪肥育和胴体性能及与部分品种的比较分析》（2009）。

二、八眉猪的营养需要

目前，尚未有八眉猪营养需要相关研究。本小节以 NRC（2012）猪营养需求为基础，结合八眉猪品种特性和保种场资料，得到八眉猪营养需要以供参考。

（一）种公猪的营养需要

种公猪的营养需要主要取决于其体重和配种的负担，随着猪人工授精技术的推广，种公猪的常年配种制度已经代替了季节性配种制度。因此，饲养标准中不分期别，只需在配种前一个月，在饲养标准上增加 20%～25%。在冬季寒冬期，应在饲养标准上增加 10%～20%。

八眉猪保种工作目前主要采用本交，一年分为春季和冬季交配两次，还没有针对八眉猪公猪的营养需要研究。成年八眉公猪的平均体重以 150kg 计算，日需要营养为维持需要的 1.34 倍，配种期又在日需要基础上增加20%～25%。

$$\text{维持需要 DE（MJ/d）} = 0.418\,6W^{0.75} = 17.94$$

$$\text{日需要 DE（MJ/d）} = 17.94\times1.34 = 20.04$$

$$\text{配种期需要 DE（MJ/d）} = 20.04\times1.2 = 28.85$$

种公猪的饲粮按每千克 DE 12.55MJ、CP 16%计。在配种任务繁重时，可适当提高饲粮中的 CP 水平。

（二）种母猪的营养需要

1. 妊娠母猪的营养需要　妊娠母猪日粮中添加适宜比例的粗纤维，能够使怀孕母猪保持良好的体况，而且对其繁殖性能（窝仔数、初生窝重、产活仔数、妊娠净增重）也不会产生有害影响。

按下列公式计算维持、增重和每千克增重所需的 DE。

$$维持需要 DE（MJ/d）=0.3767W^{0.75}$$

$$用于增重 DE（MJ/d）=日获 DE-维持 DE$$

$$每千克增重需 DE（MJ）=增重 DE（MJ/d）/日增重（kg）$$

冬季御寒需要补加的量：根据几批饲养试验结果分析，母猪在冬季想保持一定的体温，所需维持需要应比夏季高，若以夏季维持需要 DE 为 $0.3767W^{0.75}$kg，则按夏季生产需要用公式 $E=aW^{0.75}+bG$ 来推算，冬季母猪维持需要 DE 应为（0.4605～0.5023）$W^{0.75}$kg 方能满足御寒需要，或者说，需要在一般定量标准基础上增加15%～20%的能量方能满足冬季御寒需要。

2. 哺乳母猪的营养需要　哺乳母猪的能量需要是由维持需要加泌乳需要构成。泌乳需要取决于乳量和乳质，并由维持加产乳需要量，日粮所提供的能量用体质增耗加以调节，达到三者的平衡。根据有关资料，在维持需要 DE 按 $0.576W^{0.75}$kg 计算的情况下，八眉母猪的能量需要可按以下参数：

每产 1kg 乳需要 DE 6.907MJ，母猪失重 1kg 可节省 DE 21.14MJ。

研究结果表明，在妊娠期使用含 CP 12%日粮和哺乳期使用 CP 14%日粮，可获得正常的繁殖成绩和生产效果。

（三）后备猪的营养需要

1. 能量需要　按维持+增重计算，维持能量需要的计算公式：

$$DE（MJ）=（0.52325\pm0.1465）W$$

增重部分能量需要的计算公式：

$$Y=（3.687+0.05224X）\times4.186$$

式中，Y 为每千克增重所需的 DE（MJ）；X 为后备猪的体重（kg）。

2. 各阶段饲粮的能量浓度和粗蛋白质水平　安排顺序从高到低，前期是与仔猪相连接，后期接近妊娠母猪。前期、中期和后期每千克饲粮 DE 分别为12.55MJ、12.14MJ 和 27.86MJ，前期、中期和后期饲粮 CP 分别占 16%、14%和 13%。

3. 后备猪与生长肉猪营养需要的区别　在理论上两者没有本质区别，而后备猪应在中期、后期通过拉大骨架，限制其生长速度，防止过肥对繁殖带来的不良影响。

（四）仔猪的营养需要

仔猪的营养需要包括维持需要加增重的生产需要。以 60kg 体重为基点，系数为 0.502 3，即在 60kg 时，每千克代谢体重的维持需要 DE 0.502 3MJ，每减少 1kg 活重，系数增加 0.003 14。因此，维持需要的公式为：

维持需要 DE（MJ）＝代谢体重×系数

20kg 活重维持需要 DE（MJ）＝0.627 9 $W^{0.75}$

10kg 活重维持需要 DE（MJ）＝0.659 3 $W^{0.75}$

10kg 活重以下维持需要 DE（MJ）＝0.669 8 $W^{0.75}$

仔猪的能量需要量可通过其吮吸量、耗料量测定，同时对所哺育仔猪定期称重，据窝平均吮吸量和耗料量计算 DE 采食量，除以平均每窝全期增重，即得每千克增重所需能量。

第二节　常用饲料与日粮

本节根据猪常用饲料和西北地区当地作物特点，提出八眉猪的常用饲料原料、加工利用方式及不同阶段典型的日粮配方。

一、猪常用的青绿饲料

猪是杂食动物，饲料原料的来源非常广泛。猪的常用饲料主要有：

（一）青饲料类

青饲料包括苜蓿和甜菜叶。青饲料是常用的维生素补充饲料。如果猪日粮缺乏青饲料，饲料的消化利用率都较低，猪生长很慢。青饲料含无机盐比较丰富，钙、磷、钾的比例适当。日粮中有足够的青饲料，猪很少发生因缺乏无机盐而引起的疾病。

在青饲料无污染的情况下，最好不要洗。因为鲜嫩的青饲料，洗得越净，水溶性维生素损失越多。煮青饲料就更糟了，因为高温会使大部分维生素、蛋白质遭到破坏，加热后还会加速亚硝酸盐的形成，猪吃后易中毒。青饲料现采现用，不要堆放。青饲料鲜嫩可口，猪爱吃，如堆放太久，很容易发热变黄，不仅破坏了部分维生素，降低了适口性，而且也会产生亚硝酸盐而引起猪中毒。喂量适度，按干物质计算，占日粮的 20%～25%，按鲜量计算约为 75%。

各种青饲料可打浆使用。打浆的饲料猪喜欢吃，有利于消化吸收。打浆的设备很简单，一般把普通的锤式粉碎机筛板上的小筛眼改成直径 3～4 cm 的大筛眼，并在青料上洒水，趁湿打浆，也可用自制旋刀打浆机打浆。使用时，先向打浆池子倒入净水，水深为池深度的 1/3，然后开动电动机，逐渐加入的青料随着水的流动流到刀片下，如此即将青料打成浆状。打成浆状后关闭电动机，将浆液取出即可喂猪。

（二）青贮饲料类

青贮是将新鲜可饲喂的青绿植物填装入青贮窖内，经过相当长的发酵过程制成一种优良饲料。青贮饲料可常年保存，扩大了饲料来源，随时供给猪只以青绿多汁饲料，填补冬季和青黄不接时青绿饲料的不足。

西北地区主要是利用全株蚕豆进行青贮。青贮要有适宜的含水量。青贮原料水分过多，酪酸菌易于生长，常引起腐臭。过酸或水分流失，猪不爱吃；水分过少，压实不好，易透空气，适于霉菌的繁殖，可能霉烂。青贮原料适宜含水量为 70%～75%，含水少的可适量加水，水多的可晾晒一定的时间后再进行青贮。

青贮原料应有较多的糖分，才适于乳酸菌的生长。青贮料中的乳酸，主要是由糖转化来的，所以原料必须含有一定的糖分，才能使乳酸菌迅速生长，这是获得品质好的青贮饲料的关键之一。一般青玉米秸、甜菜、向日葵、薯秧等都含有相当数量的糖分，含糖量一般不低于新鲜原料重量的 1%～1.5%。蛋白质多的植物不宜单贮，最好与含糖多的植物混合青贮。

（三）块根、块茎、瓜果类

甜菜是营养价值很高的多汁饲料，含有较为丰富的粗蛋白、矿物盐类和维生素等。因其粗纤维的含量较低，因此适口性较好，易于消化。甜菜可以作为优质的饲料使用，根、茎叶均可利用。根可打碎或切丝后直接饲喂，也可熟喂，茎叶可以作为青绿饲料直接饲喂或者调制成青贮料。饲用甜菜易于贮藏，可以解决春、冬季节青绿饲料紧缺的问题。

（四）青干草类

青干草类是用新鲜的野生牧草或栽培草晒制而成的。品质好的干草颜色青绿，气味芳香，含有丰富的蛋白质、无机盐和胡萝卜素，适口性好，容易消化。干草的营养价值与收割期、调制和贮藏方法有密切关系。西北地区八眉猪主要食用燕麦。它是禾本科燕麦族燕麦属草本植物，既是很好的粮食作物，也是优质的饲料作物。燕麦经收割压扁，晾晒，翻晒并垄，打捆，码垛，可制成优质青干草。

二、配合饲料

配合饲料是指按照动物的不同生长阶段、不同生理要求、不同生产用途的营养需要，以饲料营养价值评定的实验和研究为基础，按科学配方把多种不同来源的饲料，依一定比例均匀混合，并按规定的工艺流程生产的饲料。

（一）能量饲料

饲料干物质中粗纤维的含量在18%以下、可消化能含量高于10.45MJ/kg、蛋白质含量在20%以下的饲料称为能量饲料。猪的能量饲料主要有以下几类（种）。

1. 谷实类饲料　玉米的能量含量在谷实类籽实中居首位，其用量超过任何其他能量饲料，在各类配合饲料中占50%以上。因此，玉米被称为饲料之王。玉米适口性好，粗纤维含量很少，淀粉消化率高，且脂肪含量达3.5%～4.5%，可利用能值高，是猪的重要能量饲料来源。玉米含有较高的亚油酸（可达2%），其含量是谷实类饲料中最高的，占玉米脂肪含量的近60%。由于玉米脂肪含量高，不饱和脂肪酸丰富，在肥育后期多喂玉米可使胴体变软，背膘变厚，但玉米氨基酸组成不平衡，特别是赖氨酸、蛋氨酸及色氨酸含量低，故使用时应添加赖氨酸。玉米营养成分的含量不仅受品种、产地、成熟度等条件的影响而变化，同时玉米水分含量也影响各种营养素的含量。玉米水分含量过高，容易腐败、霉变，感染黄曲霉菌。玉米经粉碎后，更易吸水、结块、霉变，不便保存。因此，玉米一般要整粒保存，且贮存时水分应降低至14%以下，夏季贮存温度不宜超过25℃，要注意通风、防潮等。

2. 谷实类加工副产品　小麦麸和次粉小麦麸，是小麦加工的副产品，是我国畜禽常用的饲料原料。小麦麸俗称麸皮，成分可因小麦面粉加工要求的不同而不同。一般由种皮、糊粉层、部分胚芽及少量胚乳组成，其中胚乳的变化最大。在精面生产过程中，只有85%左右的胚乳进入面粉，其余部分进入麦麸，这种麦麸的营养价值很高。在粗面生产过程中，胚乳基本全部进入面粉，甚至少量的糊粉层物质也进入面粉，这样生产的麦麸营养价值就低得多。一般生产精面粉时，麦麸约占小麦总量的30%，生产粗面粉时，麦麸约占小麦总量的20%。次粉由糊粉层、胚乳和少量细麸皮组成，是磨制精粉后除去小麦麸、胚及合格面粉以外的部分。小麦麸含有较多的B族维生素，如维生素B、烟酸、胆碱，也含有维生素E。粗蛋白质含量高（16%左右），这一数值比整粒小麦含量还高，而且质量较好。与玉米和小麦籽粒相比，小麦麸和次粉的氨基酸组成较平衡，其中赖氨酸、色氨酸和苏氨酸含量均较高，特别是赖氨酸含量较高。脂肪含量为4%左右，其中不饱和脂肪酸含量高，故易氧化酸败。矿物质含量丰富，但钙少磷多，磷多属植酸磷；小麦麸和次粉还含有植酸酶，因此用这些饲料时要注意补钙。由于麦麸能值低，粗纤维含量高，容积大，可用于调节日粮能量浓度，起到限饲作用。同时，小麦麸质地疏松，适口性好，含有适量的硫酸盐类，有轻泻作用，可预防便秘，有助于胃肠蠕动和通便润肠，是妊娠后期和哺乳母猪的良好饲料。麦麸用于猪的肥育可提高猪的胴体品质，产生白色硬体脂。一般使用量不宜超过15%。小麦麸用于仔猪不宜过多，以免引起消化不良。

（二）蛋白质饲料

蛋白质饲料是指饲料干物质中粗蛋白质含量大于或等于20%、消化能含量超过10.45MJ/kg、且粗纤维含量低于18%的饲料。与能量饲料相比，蛋白质饲料的蛋白质含量高，且品质优良，在能量价值方面则差别不大，或者略偏高。根据其来源和属性不同，主要包括以下几个类别。

1. 植物性蛋白质饲料

（1）豆饼和豆粕　大豆饼和豆粕是我国最常用的一种植物性蛋白质饲料，营养价值很高，大豆饼的粗蛋白质含量在40%～45%，大豆粕的粗蛋白质含量高于大豆饼，去皮大豆粕粗蛋白质含量可达50%。大豆饼（粕）的氨基酸组成较合理，赖氨酸含量2.5%～3.0%，是所有饼粕类饲料中含量最高的，异亮氨酸、色氨酸含量也比较高，但蛋氨酸含量低，仅0.5%～0.7%，故玉米-豆粕基础日粮中需要添加蛋氨酸。大豆饼（粕）中钙少磷多。磷多属难以利用的植酸磷。维生素A、维生素D含量少，B族维生素除维生素B_2、维生素B_{12}外均较高。粗脂肪含量较低，尤其大豆粕的脂肪含量更低。大豆饼（粕）含有胰蛋白酶抑制因子、尿素酶、凝集素、皂角苷、甲状腺肿诱发因子、抗凝固因子等有害物质。但这些物质大都不耐热，一般在饲用前经100～

110℃加热处理3～5min即可去除。注意加热时间不宜太长，温度不能过高也不能过低，加热不足破坏不了毒素，导致蛋白质利用率低，加热过度可导致赖氨酸等必需氨基酸变性，尤其是赖氨酸消化率降低，引起畜禽生产性能下降。

处理良好的大豆饼（粕）对任何阶段的猪都可使用，用量以不超过25％为宜。由于大豆粕已脱去油脂，多用也不会造成软脂现象。在代用乳和仔猪开食料中，应对大豆饼（粕）的用量加以限制，以不超过10％为宜。因为大豆饼（粕）的碳水化合物中粗纤维含量较多，其中的糖类多属多糖和低聚糖类。幼畜体内无相应消化酶，采食太多有可能引起下痢。一般乳猪阶段饲喂熟化的脱皮大豆粕效果较好。

（2）菜籽饼（粕）　菜籽饼（粕）是油菜籽经机械压榨或溶剂浸提制油后的残渣。菜籽饼（粕）具有产量高，能量、蛋白质、矿物质含量较高，价格便宜等优点。榨油后饼（粕）中油脂减少，粗蛋白质含量达到37％左右。菜籽饼中氨基酸含量丰富且均衡，品质接近大豆饼水平。胡萝卜素和维生素D的含量不足，钙、磷含量高，所含磷的65％是利用率低的植酸磷，含硒量在常用植物性饲料中最高，是大豆饼的10倍，鱼粉的一半。

用毒素含量高的菜籽制成的饼（粕）适口性差，过量使用也会引起猪甲状腺肿大，导致生长速度降低，并明显降低母猪的繁殖性能。肥育猪用量应限制在5％以下，母猪应限制在3％以下。经处理后的菜籽饼（粕）或“双低”或“三低”品种的饼（粕），肥育猪可用至10％，对生长、健康和胴体品质均无不良影响。种猪用至12％对繁殖性能无不良影响。

2. 动物性蛋白质饲料　鱼粉是用一种或多种鱼类为原料，经去油、脱水、粉碎加工后的高蛋白质饲料，是一种重要的动物性蛋白质饲料，在许多饲料中尚无法以其他饲料取代。鱼粉的主要营养特点是蛋白质含量高，品质好，生物学价值高。一般脱脂全鱼粉的粗蛋白质含量高达60％以上。在所有的蛋白质补充料中，其蛋白质的营养价值最高。进口鱼粉蛋白质含量达60％～72％。国产鱼粉稍低，一般为50％左右。鱼粉富含各种必需氨基酸，组成齐全而且平衡，尤其是主要氨基酸与猪体组织氨基酸组成基本一致。鱼粉中不含纤维素等难于消化的物质，粗脂肪含量高，所以鱼粉的有效能值高，生产中以鱼粉为原料很容易配成高能量饲料。猪日粮中鱼粉用量为2％～8％。由于地理原因，八眉猪饲喂中较少使用鱼粉。

3. 微生物性蛋白质饲料

（1）工业废液酵母　是指以发酵、造纸、食品等工业废液（如酒精、啤酒、纸浆废液和糖蜜等）为碳源和一定比例的氮（硫酸铵、尿素）作营养源，接种酵母菌液，经发酵、离心提取和干燥、粉碎而获得的一种菌体蛋白饲料，即饲料酵母。

饲料酵母因原料及工艺不同，其营养组成有相当大的变化，一般风干制品中含粗蛋白质45%～60%，如酒精液酵母为45%，味精菌体酵母为62%，纸浆废液酵母为46%，啤酒酵母为52%。赖氨酸5%～7%，蛋氨酸+胱氨酸2%～3%，所含必需氨基酸和鱼粉含量相近，但适口性差。有效能值一般与玉米近似。生物学效价虽不如鱼粉，但与优质豆饼相当。在矿物质元素中富含锌和硒。尤其含铁量很高。近年来在酵母的综合利用中。也有先提取酵母中的核酸再制成"脱核酵母粉"。同时新酵母产品不断开发，如含硒酵母、含钴酵母、含锌酵母已有了商业化产品，均有其特殊营养功能。工业废液酵母从环保及物尽其用的原则出发，最具有开发前途。饲料酵母主要养分含量见表5-4。

表5-4　饲料酵母主要养分含量（单位:%）

成分	啤酒酵母	石油酵母	纸浆废渣酵母
水分	9.30	4.50	6.00
粗蛋白质	51.40	60.00	46.00
粗脂肪	0.60	9.00	2.30
粗纤维	2.00	—	4.60
粗灰分	8.40	6.00	5.70

注：引自杨在宾、李详明《猪的营养与饲料》。

（2）饲料酵母的营养特性和饲用价值　饲料酵母和酵母饲料是两个不同的概念。饲料酵母是利用酵母菌体作饲料，一般采用液体发酵法生产，在饲料中的添加量一般为1%～2%；酵母饲料是指以酵母作为菌种，接种于某些植物蛋白质饲料上进行固体发酵而成的饲料，其目的是提高低质蛋白质饲料的营养价值。酵母饲料在畜禽饲料中的添加量一般为3%～5%。

饲料酵母中粗蛋白质含量较高，液态发酵的纯酵母粉粗蛋白质含量达40%～60%，而固态发酵制得的酵母饲料或酵母混合物，粗蛋白质含量在

30%～45%。饲料酵母富含畜禽生长所需的多种营养物质，如蛋白质、脂肪、碳水化合物、矿物质、维生素和激素等。蛋白质中赖氨酸、色氨酸、苏氨酸、异亮氨酸等几种重要的必需氨基酸含量较高，而精氨酸含量较低，蛋氨酸、胱氨酸含量也相对较低。B族维生素如烟酸、胆碱、核黄素、泛酸、叶酸含量高。矿物质中钙少，但磷和钾含量高。此外，尚含有未知生长因子。饲料酵母适口性好，在畜禽饲料中适当添加酵母，可以提高动物对饲料的消化率，改善食欲，增加饲料的采食量和提高饲料转化率。据报道，在猪饲料中添加酵母可以提高日增重15%～20%，同时减少饲料消耗10%。在肉牛和奶牛日粮中添加酵母还可以提高纤维消化率，提高日增重、产奶量和乳脂率。

酵母中核酸含量较高（6%～12%），因此酵母在饲料中添加量过高会使动物尿酸代谢量增加，尿酸在体内沉积于关节等部位，会引起关节肿胀和关节炎等。所以，将酵母进行脱核处理，可获得高质量酵母和核苷酸等产品。石油酵母中含有重金属、霉菌毒素、3，4-苯并芘等致癌物质，且适口性差，使用时要认真对待。

粗饲料是指燕麦、荞麦、酒糟等副产品。这些饲料体积大、纤维多、难消化，又缺乏蛋白质、维生素和矿物质，所以用这类饲料如果不作处理的话，供猪饲喂量不宜超过饲料总量的3%～5%。如果采用粗饲料降解剂进行处理，则可以增加用量到15%左右，而不至于影响到生长速度等。粗饲料对消化力弱的仔猪来说提供的营养很少，但对于消化能力强的母猪来说，其营养作用较高。粗饲料可以缩短饲料通过消化道的时间，可有效防止母猪便秘，有利于粪便排出，特别是对于限制饲喂时的妊娠母猪。

（三）矿物质饲料

矿物质饲料包括人工合成的、天然单一的和多种混合的，以及配合有载体或赋形剂的痕量、微量、常量元素补充料。矿物质元素在各种动、植物饲料中都有一定含量，虽多少有差别，但由于动物采食饲料的多样性，可在某种程度上满足对矿物质的需要。在舍饲条件或集约化生产条件下，矿物质元素来源受到限制，猪的需要量增多，在猪日粮中另行添加所必需的矿物质成了唯一方法。目前已知畜禽有明确需要的矿物元素有14种，其中常量元素7种为钾、镁、硫、钙、磷、钠和氯，饲料中常不足、需要补充的有钙、磷、氯、钠4种；微量元素7种为铁、锌、铜、锰、碘、硒和钴。

1. 常量矿物元素补充料

（1）含氯、钠饲料　钠和氯都是猪需要的重要元素，食盐是最常用又经济的钠、氯的补充物。食盐除了具有维持体液渗透压和酸碱平衡的作用外，还可刺激唾液分泌，提高饲料适口性，增强动物食欲，具有调味剂的作用。饲用食盐一般要求较细的粒度。美国饲料制造者协会（AFMA）建议，应100%通过30目筛。精制盐含氯化钠99%以上，碘盐还含有0.007%的碘，此外尚有少量的钙、镁、硫等杂质，饲料用盐多为工业盐，含氯化钠95%以上。

食盐的补充量与动物种类和日粮组成有关。一般食盐在风干饲粮中的用量以0.25%～0.5%为宜。浓缩饲料中可添加1%～3%。添加的方法有直接拌在饲料中，也可以以食盐为载体，制成微量元素添加剂预混料。

食盐不足可引起动物食欲下降，采食量降低，生产性能下降，并导致异食癖。食盐过量时，只要有充足的饮水，一般对猪健康无不良影响，但若饮水不足，可出现食盐中毒，甚至有死亡现象。使用含盐量高的鱼粉、酱渣等饲料时应调整日粮食盐添加量。若水中含有较多的食盐，饲料中可不添加食盐。

（2）含钙饲料

① 石粉：主要是指石灰石粉，天然的碳酸钙（$CaCO_3$）为白色或灰白色粉末。石粉中含纯钙35%以上，是补充钙最廉价、最方便的矿物质饲料。石灰石粉还含有氯、铁、锰、镁等。除用作钙源外，石粉还广泛用作微量元素预混饲料的稀释剂或载体。品质良好的石灰石粉与贝壳粉，必须含有约38%的钙，镁含量不超过0.5%，且铅、汞、砷、氟的含量不超过安全系数，都可用于猪饲料。石粉的用量依据猪的种类及生长阶段而定，一般配合饲料中石粉使用量为0.5%～2%。单喂石粉过量时，会降低饲粮有机养分的消化率。石粉作为钙的来源，其粒度以中等为好，猪饲料中一般为26～36目。

② 蛋壳粉：禽蛋加工和孵化产生的蛋壳，经干燥灭菌、粉碎后也能作为饲料使用。蛋壳粉含钙达30%左右，含粗蛋白质达10%左右，还有少量的磷，是理想的钙源饲料，用鲜蛋壳制造蛋壳粉应注意消毒，以防蛋白质腐败，甚至带来传染病。

（3）含磷饲料　含磷饲料包括磷酸钙类（包括磷酸一钙、磷酸二钙、磷酸三钙）、磷酸钾类（包括磷酸一钾、磷酸二钾）、磷矿石粉等。猪常用的磷补充饲料有骨粉和磷酸氢钙。骨粉的营养价值在前面的蛋白质饲料已做过介绍，这里不再重述。

磷酸氢钙又称为磷酸二钙，为白色或灰白色粉末，含钙不低于23%、磷不低于18%、铅含量不超过50mg/g。磷酸氢钙的钙、磷利用率高，是优质的钙、磷补充料。猪日粮使用的磷酸氢钙不仅要控制其钙、磷含量，尤其注意含氟量，必须经过脱氟处理，使氟含量不超过0.18%。还应注意补饲该类饲料时，往往可引起钙、磷两种矿物质数量同时变化。

2. 微量矿物元素补充料　本类饲用品多为化工生产的各种微量元素的无机盐类和氧化物，一般纯度高，含杂质少。有的“饲料级”产品虽含有微量杂质，但有害物质均在允许范围内。微量元素补充物基本都来源于纯度较高的化工生产产品。近年来微量元素的有机酸盐和螯合物以其生物效价高和抗营养干扰能力强受到重视。常见的补充微量元素有铁、铜、锰、锌、钴、碘、硒等。

3. 天然矿物质饲料资源的利用　一些天然矿物质，如麦饭石、沸石、膨润土等，它们不仅含有常量元素，更富含微量元素，而且由于这些矿物质结构的特殊性，所含元素的可交换性或溶出性，容易被动物吸收利用。研究证明，向饲料中添加麦饭石、沸石和膨润土可以提高猪的生产性能。

（四）维生素饲料

维生素饲料是指工业合成或由天然原料提纯精制（或高度浓缩）的各种单一维生素制剂和由其生产的复合维生素制剂。由于大多数维生素都有不稳定、易氧化或易被其他物质破坏失效的特点和饲料生产工艺上的要求，几乎所有的维生素制剂都经过特殊加工处理或包被，如制成稳定的化合物或利用稳定物质包被等。为了满足不同使用的要求，在剂型上还有粉剂、油剂、水溶性制剂等。此外，商品维生素饲料添加剂还有各种不同规格含量的产品。

由于维生素具有不稳定的特点，对维生素饲料的包装、贮藏和使用均有严格的要求，饲料产品应密封、隔水包装，最好是真空包装，并贮藏在干燥、避光、低温条件下。高浓度单项维生素制剂一般可贮存1～2年，不含氯化胆碱和维生素C的维生素预混合料贮存不超过6个月，含维生素C的复合预混料贮存不宜超过3个月（最好不超过1个月）。所有维生素饲料产品，开封后尽快用完。湿拌料时应现拌现喂，避免长时间浸泡，以减少维生素的损失。

三、不同类型饲料的合理加工与利用方法

饲料加工是一个较为复杂的过程，尽管加工工艺通常都包括粉碎、混合、

成型这些基本工序，但具体的工艺布置和加工参数都应根据饲料种类和所用的饲料原料做出相应调整，因为不同的原料配方对成型饲料的生产性能有很大的影响。其中，原料特性包括物料的容重、粒度、含水量、黏结性、摩擦性和腐蚀性等。这些因素都影响着饲料产品质量和加工设备生产能力。因此，在饲料配方中，要适当考虑饲料原料特性，调整配方使之具有较好的制粒性能。而在加工工艺上，则要根据不同饲料原料和配方，选择合理的加工方法。

（一）高淀粉含量类饲料

高淀粉含量类饲料一般指以谷物为主要原料的饲料。在调质过程中的水分和温度作用下，谷物淀粉颗粒在50～60℃开始吸水膨胀，淀粉的糊化温度一般控制在75℃。淀粉经过高温和加水调制处理后，可使天然淀粉糊化，转化成单糖，提高饲料的营养价值，同时还可起到润滑作用，使压制出的颗粒细粉少，生产出质量较好的粒料。

淀粉糊化有利于黏结，在淀粉含量不够时粉化率会升高，但过高淀粉的配方也很难压制出坚实、耐久的颗粒，这是因为淀粉含量过高势必带来蛋白质的含量降低，其制粒性能会受到影响。值得注意的是，如果天然淀粉在制粒前就已被糊化，则生产不出高质量的饲料颗粒来。因此在生产乳猪料时，用作能量饲料的膨化玉米含量会受到限制，一般不超过能量饲料的70％。

在制粒过程中，调制时间是一个非常重要的因素，调质时间长短直接影响物料的熟化程度，在一定范围内，调质时间越长，淀粉的糊化度就越高，物料的相互黏结性也越好，从而达到提高物料的制粒效果和饲料质量。对于普通的蒸汽水分调节装置，物料在调质室内停留15～20s即可满足物料表层水分调节的需要。

对于以谷物含量为主要成分的饲料，调质温度和水分要多一些，有利于谷物中淀粉的糊化。一般调质温度在85℃左右，调质添加水分在4％～5％。

在调制过程中，不同类型的饲料配方，对热量和水分有不同的需求量，控制温度和添加水分的原则不同。对高谷物含量饲料如猪用全价配合饲料，为使谷物的淀粉糊化，需要高温和大量水分。一般来说，对于谷物含量高的饲料，水分应接近17％～18％，温度应达到82℃，但蒸汽水平要低。对于热敏性饲料在60℃左右开始糊化，环模易发生堵塞，因而蒸汽添加必须保持在低水平，以免堵塞。

（二）高蛋白质含量类饲料

在生产蛋白质含量高的颗粒饲料时，一般应选用面粉来增强黏结性能，这是制粒和膨化是否成功的关键之一。采用膨化设备生产饲料时，通常沉降饲料至少需要 9％～11％的淀粉，漂浮饲料为 18％～22％，膨化时都需要含20％～30％的水分，且物料中各组分的吸水量应一致，以便获得凝胶状态。在原料选择和加工方法满足不了颗粒性能要求的情况下，可考虑添加黏结剂来提高颗粒质量。

饲料的粉碎细度不够，也会影响蛋白类饲料的制粒性能或膨化程度，从而影响颗粒的水中稳定性和漂浮性。粉碎越细则黏结性越好，不容易吸水，可延长漂浮时间。在制粒前的物料调质过程中，对天然蛋白含量高的饲料，为了增加蛋白质的塑性，加热比加水更重要，这类饲料需要的蒸汽量比尿素饲料和热敏性饲料多，但比高淀粉饲料少。天然蛋白含量高的饲料在调质时温度不能太高，否则发生胶化而堵塞模孔。

膨化是在短时高温中完成的，这种加工在使淀粉糊化的同时使蛋白质发生变性。传统的制粒需要淀粉含量为 30％以上，而采用膨化生产颗粒时淀粉含量可为 5％～10％，为利用低蛋白质的廉价原料代替高蛋白质的昂贵原料提供了更多的余地。在膨化过程中，饲料的水分应控制在 25％～30％，温度控制在 120～140℃。

（三）高油脂含量类饲料

饲料中脂肪来源有两种，一是原料本身就有的，另一种是从外界添加的。饲料中添加油脂，可增加饲料的能量。少量的油脂可起到润滑作用，降低模辊磨损，有利于提高饲料的制粒性能，降低能耗。同时，油脂可改善颗粒表面光泽，提高饲料在水中的稳定性。一般在混合工段加入。此时，油脂可减少粉状饲料在混合和其后输送时产生的粉尘，还可减少粉料的分级。但油脂含量过高则起到疏松剂的作用，使饲料成型能力降低，颗粒变软，粉化率上升。因而，普通制粒生产中，饲料中添加的油脂以不超过 3％为宜。

生产高油脂含量的饲料可采用以下几种方法：

1. 采用饲料颗粒出模后进行热外涂或冷外涂的工序　热外涂是在颗粒刚刚出模后未经冷却就进行油脂喷涂添加，冷外涂是颗粒充分冷却后在油脂喷涂机内进行喷涂。林云鉴（1998）对磷脂喷涂试验研究表明，两种喷涂方式对鱼颗粒饲料的水中稳定性无明显影响。在新饲料厂的设计中，多数考虑在颗粒冷却并分级后进行油脂喷涂。采用制粒后喷涂方法，不但能满足动物对高脂肪的需要，还可以增加颗粒的保护作用。对于一些不宜在调质、制粒过程中添加的热敏性微量成分，也可先溶于油脂在制粒后添加，从而避免受热破坏。

2. 采用双重制粒的方法　双重制粒，即生产饲料时要进行两次制粒，人们把第一次制粒亦归纳到饲料热处理的范畴。制粒时的物料，在压紧区和挤压区受摩擦和剪切作用，产生了热量，使物料温度在普通调质基础上升高 5～10℃，使难以处理的饲料易于制粒。采用双重制粒工艺，可以生产出高脂肪含量的成品饲料，不必另外添加油脂。

3. 采用膨化工艺　由于膨化机内强烈的剪切作用及在调质器和膨化腔中添加的蒸汽作用，颗粒中的淀粉基本上完全糊化，蛋白质部分变性。在含可溶糖和纤维的膨化颗粒中产生了全结构基质，使颗粒体积增大，变成多孔结构，可吸附更多的脂肪。因此，采用膨化生产时可以在原料中添加更多的脂肪，而不至于影响颗粒的耐久性。为了获得高脂肪饲料，可以采用延长调质器和增加膨化腔长度的方法，从而延长了熟化时间，使脂肪渗透更均匀。但当油脂含量超过 8%～10%时，会降低物料的强度、膨胀作用及质地。

还可以在膨化后的颗粒上喷洒脂肪，由于表面积不同，漂浮颗粒能吸收 30%左右，而沉降颗粒仅能吸收 15%左右。此外，脂肪的不同来源也会影响颗粒的膨化。

四、八眉猪的典型日粮配方

（一）妊娠母猪的饲料配方

根据妊娠母猪生理特点，采取“前低后高”的饲养方式。妊娠前期日喂 2 次，日饲喂精料量 1.6kg/头，秸秆草粉量 0.8kg/头，中期日饲喂精料量 1.8kg/头，秸秆草粉量 0.5kg/头，后期日饲喂精料量 2.2kg/头，秸秆草粉量 0.3kg/头，临产前 1 周降低营养水平。妊娠期母猪日粮组成见表 5-5。哺乳期日饲喂 3 次，以 9 头哺乳仔猪为基础，日饲喂精料量 3kg/头，秸秆草粉量 0.2kg/头，每增加 1 头仔猪，精料喂量增加 0.2kg，自由饮水。

表 5-5　妊娠母猪日粮组成及营养水平

项目		含量（%）
原料组成	玉米	60
	豆粕	20
	麸皮	16
	预混料	4
	合计	100
营养水平	消化能（MJ/kg）	12.98
	粗蛋白质（%）	12.24
	粗纤维（%）	4.14
	钙（%）	0.60
	磷（%）	0.45

注：数据源于青海省互助八眉猪原种育繁场。

(二) 哺乳母猪的饲料配方

妊娠期母猪在半开放式猪舍饲养，每栏 3 头。母猪临产前 5d 经身体消毒后进入分娩舍产床，母猪分娩时接产、对仔猪进行编号、称重并护理。哺乳母猪饲粮配方见表 5-6。

表 5-6　哺乳母猪日粮组成及营养水平

项目		含量（%）
原料组成	玉米	50
	小麦	10
	麸皮	20
	浓缩料	20
	合计	100
营养水平	消化能（MJ/kg）	12.35
	粗蛋白质（%）	12.53
	粗纤维（%）	3.68
	钙（%）	0.60
	磷（%）	0.45

注：数据源于青海省互助八眉猪原种育繁场。

(三) 肥育猪的饲料配方

从猪的食欲和时间的关系来看，猪的食欲以傍晚最盛，早晨次之，午间最弱，这种现象在夏季更趋明显。所以，对生长肥育猪可日喂 3 次，且早晨、午间、傍晚 3 次饲喂时的饲料量分别占日粮的 35%、25%和 40%。试验表明，在 20～90kg 期间，日喂 3 次与日喂 2 次比较，前者并不能提高日增重和饲料利用率。因此，许多集约化猪场采取每天 2 次饲喂的方法是可行的。肥育猪饲粮配方见表 5-7。

表 5-7　肥育猪日粮组成及营养水平

项目		含量（%）
原料组成	玉米	66
	豆粕	26
	麸皮	4
	预混料	4
	合计	100
营养水平	消化能（MJ/kg）	12.81
	粗蛋白质（%）	13.20
	赖氨酸（%）	0.85

注：数据源于青海省互助八眉猪原种育繁场。

(四) 种公猪的饲料配方

种公猪常年担负配种任务，所以全年都要均衡地保持种公猪配种所需的高营养水平。种公猪日粮应以精料型为主，要求日粮全价化，有足够的营养水平，特别是蛋白质、维生素、钙、磷等。种公猪饲粮配方见表 5-8。

表 5-8　种公猪日粮组成及营养水平

项目		含量（%）
原料组成	玉米	63.5
	豆粕	20
	麸皮	12.5
	预混料	4
	合计	100

（续）

项目		含量（%）
营养水平	消化能（MJ/kg）	12.97
	粗蛋白质（%）	15.00
	赖氨酸（%）	0.60
	钙（%）	0.75
	磷（%）	0.35

注：数据源于青海省互助八眉猪原种育繁场。

（五）后备猪的饲料

根据后备母猪不同的生长发育阶段，调整日粮配比，合理地配制饲料。在发育生长阶段，要保证供给足够的矿物质和足量优质蛋白质饲料，尤其是供应足够的钙、磷，使骨骼长得细密结实，骨架大；在配种前则应适当限制采食量，既可保证后备母猪良好的生长发育，又可控制体重的高速增长，防止过度肥胖，影响繁殖。

（六）仔猪的饲料

断奶仔猪的日粮采用三阶段饲养方案，使仔猪从高脂肪、高乳糖的母乳逐渐向由谷类和大豆组成的低脂肪、低乳糖、高碳水化合物的粉料过渡。第一、二阶段诱导仔猪采食干料，颗粒料投喂。第三阶段在确保维持仔猪的最佳生产性能的同时，降低饲料成本。

第六章
饲养管理技术

饲养管理技术是整个八眉猪生产的基础，只有通过科学饲养管理，才能提高猪场的经济效益。本章主要从仔猪、保育猪和育成猪三个阶段阐述八眉猪的饲养管理技术要点。

第一节 仔猪培育特点和培育技术

仔猪是发展养猪生产的物质基础，它遗传了先代的选育结果，仔猪阶段是生长发育最快、可塑性最大、饲料利用率最高、最有利于定向选育的时期，提高仔猪成活率是仔猪饲养阶段的关键工作。

一、临产母猪的饲养管理

八眉猪临产前 5～7d 应按日粮 10％～20％减少精料，并调配容积较大而带轻泻性饲料，以防止便秘。分娩前 10～12h 最好不再喂料，但应满足饮水，冷天水要加温。分娩当天可饲喂 0.9～1.4kg 日粮，然后逐渐加量，5～7d 后达到哺乳母猪的饲喂标准和喂量。

乔有成等对青海省互助八眉猪原种育繁场 2006—2009 年的生产记录进行了统计，结果见表 6-1。

表 6-1 互助八眉猪纯繁各胎次间繁殖性能比较

胎次	窝数	产活仔数（头）	初生重（kg）	初生窝重(kg)	断奶仔数（头）	断奶重（kg）	断奶窝重（kg）
1	5	8.60±1.72[a]	0.48±0.02[a]	4.59±0.85[a]	8.33±2.62[a]	4.87±0.36[a]	40.56±12.25[a]
2	5	12.70±0.50[c]	0.58±0.02[c]	7.95±0.35[c]	11.87±1.50[c]	6.60±0.28[c]	78.34±7.25[c]

（续）

胎次	窝数	产活仔数（头）	初生重（kg）	初生窝重(kg)	断奶仔数（头）	断奶重（kg）	断奶窝重（kg）
3	5	13.25±0.44[c]	0.64±0.03[c]	8.68±0.44[c]	12.72±1.08[c]	6.72±0.25[c]	85.17±12.73[d]
4	5	15.25±0.83[c]	0.68±0.04[c]	10.48±0.40[c]	13.50±1.50[c]	6.88±0.38[c]	92.88±16.15[d]
5	5	15.31±0.63[c]	0.70±0.03[c]	10.78±0.68[c]	13.64±2.33[c]	6.63±0.32[c]	90.43±14.22[d]
6	5	15.80±0.40[c]	0.65±0.03[c]	10.25±0.75[c]	14.69±1.47[c]	6.22±0.32[c]	91.37±13.28[d]
7	5	14.25±0.43[c]	0.72±0.04[c]	10.26±0.61[c]	13.25±1.09[c]	6.52±0.25[c]	86.39±4.57[d]
8	5	14.10±1.45[c]	0.70±0.05[c]	9.97±0.48[c]	13.40±1.28[c]	5.85±0.35[c]	78.39±4.50[c]
9	5	14.06±1.15[c]	0.73±0.04[c]	10.16±0.88[c]	13.26±0.86[c]	5.70±0.28[c]	75.58±5.53[c]
10	5	13.75±1.48[c]	0.72±0.03[c]	9.90±0.90[c]	11.75±0.83[c]	6.11±0.35[c]	71.79±4.20[c]
平均		13.67±1.68	0.67±0.07	9.16±1.17	12.54±1.73	6.24±0.34	78.25±8.67

注：同列数据肩标不同小写字母表示差异显著（$p<0.05$），相同字母表示差异不显著（$p>0.05$）。

在母猪产前一周，把母猪消毒后赶入已消毒的产房，严防母猪快跑、摔倒、挤压，上产床时要人工协助，以防挤压肚子。一般来说，体况较好的母猪，产后初期乳量较多、较稠，而小猪生后吃乳量有限，有可能造成母乳过剩，发生乳腺炎。另外，小猪吃了过度浓稠的乳汁，常常引起消化障碍，或时感口渴喝脏水，造成腹泻。

二、产后母猪的饲养管理

八眉猪产后母猪进行 3d 消炎（阿莫西林、产后康等）。母猪产后当天注射维生素E（20mL/头），产后第 2 天注射环丙沙星。母猪产后 10d 注射细小病毒苗（按说明用量）。产后 22d 同仔猪一起注射猪瘟疫苗。

产后当天可以不喂或喂少量饲料，要看母猪的状态。如果母猪站起来在叫，表示想吃料，就喂少量，第 2 天喂多一些。采用阶梯式加料法，加到第 5 天时尽量让母猪吃饱，第 5 天后，加到最高峰（每次 2.5～3.5kg）。仔猪 5～7d 开始教槽，要少喂多次。产仔母猪的饲养管理目的是：保证母猪健康；促使母猪多产奶汁；保持母猪断奶时尚有好的体况，断奶后可在短时间内发情，并能保质保量地产卵排卵。产仔过程禁止喂食，可喂些麦麸加盐的温水，防止造成“顶食”，产后 2～3d 不喂饱食，产后 5d 再满足供应。

在正常情况下，母猪产后第 1 个月平均泌乳 5～6kg/d，乳汁蛋白质含量高（初乳为 12.5%，常乳 9.5%），哺乳母猪消耗营养物质比较多，食欲好、吃得多、消化力强。哺乳母猪的饲养应特别注意：母猪刚分娩后，体力消耗较大，处于高度疲劳状态，消化机能减弱，子宫收缩排出恶露，要求生殖器官迅速恢复正常，因此分娩后不宜立即给料，可喂麦麸温水。产后 1～5d 也不宜饲喂过多的精料，喂量应逐步增加。母猪恢复正常后，应给以充分的营养。尤其是哺乳第 1 个月内，母猪泌乳量高，更需要量多质好的营养物质。喂饲次数可 4～5 次/d。在日粮中添加含蛋白质的饲料，或品质好的青绿多汁饲料，以及动物性饲料。不能喂霉烂有毒和含泥沙多的饲料。断奶前应逐渐减料，断乳当天给日常喂量的 1/2 或 1/3，防止乳房炎的发生。

三、仔猪的接生、助产

（一）产房的准备

根据母猪的预产期，在母猪产前 5～7d 准备好产房。产房要求干燥，如果产房湿度过大，可用生石灰铺在圈舍地面上，吸附潮湿气体。产房要求适宜的温度（室温为 23℃左右），阳光充足，通风良好，空气新鲜。产房要干净清洁，用 3%氢氧化钠（烧碱）溶液消毒。烧碱用沸开水溶解后消毒效果更好。

在规模化猪场，产房的使用应采取全进全出的饲养方法。这种方法是按配种计划集中配种、集中产仔的一种先进管理方法。有利于产房的集中消毒，可有效地减少疾病的传播。在寒冷季节，产房应安装保温设备，如土暖气、红外线灯、电热板、仔猪保温箱和加厚消毒过的垫草等给母猪、仔猪保温；在炎热季节，要为母猪安装降温设备。

（二）接产用具、物品的准备

产前要准备好分娩时所需的用具及物品，如消毒用的酒精、碘酊，装小猪用的箱子，照明用的灯或手电，小猪取暖用的火炉、红外线灯等，接产用的擦（抹）布，打耳号用的耳号钳，剪牙用的钳及称体重用的秤等。

（三）接生的技术要求

仔猪出生后，接产人员应立即用毛巾将仔猪口鼻黏液擦净，再将全身擦净。然后给仔猪断脐带，先将脐带内血液向仔猪腹部方向挤压，距离腹壁3～4cm处用缝合线结扎后剪断脐带，断端涂5%碘酒，以防破伤风。剪去犬齿，称重，打耳号，做好记录，建立生产档案。把仔猪放入保温箱，保温箱温度在35℃，待身体干后，再进行哺乳和固定奶头。

（四）难产的处理

羊水流出后半小时内母猪出现努责，但产不出仔猪时，可能为难产，需进行人工助产。可将手臂消毒后伸入产道，抓住仔猪后随母猪努责将其掏出。

（五）新生窒息小猪的抢救

接生时，如果发现新生的仔猪窒息不动，外表无异常的，马上就要将仔猪鼻孔、口腔中的黏液排净擦干并一手抓住小猪两后腿提起，另一手稍用力拍打几下小猪屁股。有的通过拍打刺激就可出现呼吸，仔猪就会慢慢活动起来。对于倒提拍打无效的仔猪，马上用一手掌心对着仔猪头颈，食、拇指卡住牙关，其余四指贴着腮部张开口抓起仔猪，然后将仔猪口、鼻腔对着术者的口，距离约7cm远，术者口唇呈圆筒形，往仔猪口腔中用力吹气十多下，有的仔猪可恢复呼吸，慢慢动起来。若不行，再用力吹十多下，再将仔猪侧身放在草堆上，按摩仔猪胸部，有的仔猪即可得救。

四、初生仔猪的管理

（一）初生仔猪的生理特点

初生仔猪大脑皮层发育不完善，垂体和下丘脑对温度的感知能力差，同时通过神经系统调节体温的能力差。初生仔猪的体能贮备较少，温度低时，血糖被迅速消耗，进而导致仔猪体质虚弱、活力低下，不能被母猪正常哺乳，甚至出现低血糖而昏迷或者死亡。而仔猪免疫能力低下，获得母猪乳汁是仔猪提高免疫能力的重要途径，获得母体抗体后，自身逐渐也产生抗体。仔猪的消化器官未发育完善，消化能力差，20日龄仔猪的胃液中仅有凝乳酶，唾液和胃蛋白酶很少，仅有成年猪的30%。因此，食物通过消化道的速度较快，15日龄仔猪从食物进入到完全排空的时间仅为1.5h。仔猪生长发育极为迅速，新陈代谢旺盛，出生后的快速生长是以重组的营养补充为基础，对营养物质需求旺盛。

（二）饲养管理技术

1. 环境控制　初生仔猪一周内的抗寒能力较弱，要求猪舍温度在35℃左右。根据养殖户的实际情况，可以在母猪栏舍内建一个保温箱（图6-1），建筑材料可用空心砖等，保温箱大小为1.3m×0.8m，高1.2m，在一侧的底部留一个可供仔猪出入的小门。在保温箱内接入暖气，或者用高功率灯泡等其他保暖设备。最好在室内布置一个干湿温度计，以便根据温度、湿度对环境进行微调。室内地面放入松软干草、废旧布制品等，但要注意经常更换。在猪舍内给母猪设置防护隔栏，经常在舍内巡视，防止出现母猪压死猪仔情况的发生。仔猪的适宜湿度在50%～80%，湿度过低，环境干燥，会导致仔猪患呼吸性疾病，而湿度超出适宜范围，容易发生下痢。

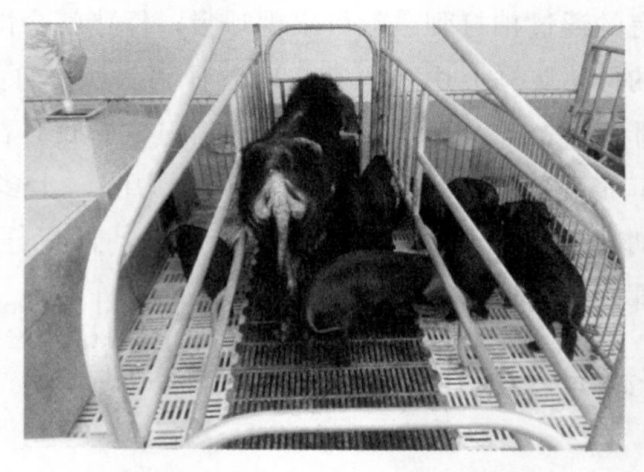

图6-1　八眉猪产床与仔猪保温箱

2. 补充营养　仔猪患病的一个重要因素就是营养缺乏。如缺铁会导致造血功能的低下，可以在母猪乳头滴上0.25%硫酸亚铁溶液，供仔猪食用。缺硒会导致肝病、水肿病等，仔猪出生后3d内，对臀部肌内注射亚硒酸钠维生素C注射液，使用剂量根据药剂的使用说明而定。

3. 及时进行初生期管理　仔猪出生后24h内要进行剪牙断尾。用拇指和食指捏住仔猪的上下颌，使仔猪张嘴并露出犬牙，然后用剪牙钳剪去两侧的犬牙，注意不要伤及牙龈和舌头，剪下的牙齿不要让仔猪吞下。断尾时可切掉尾部一半，操作要迅速，减少出血，然后进行碘酒消毒。如果产仔数超过了有效乳头数，要及时将仔猪进行并窝饲养、寄养或人工哺乳。人工哺乳时，奶粉与米粉比例为 1∶1，用温水稀释，加入适量胃蛋白酶。饲喂方式以少量多次为宜。

4. 早吃初乳，吃足初乳　母猪初乳中含有大量仔猪生长所必需的营养物质，免疫球蛋白可帮助仔猪获得被动免疫力，增强疾病抵抗能力，提高成活率。初乳中的蛋白质含量较高，可有效促进胎粪排出，增强新陈代谢机能。所以，必须要保证出生仔猪尽早吃到初乳，并且还要吃足初乳。通常情况下，首次哺乳间隔不要超过 1h，之后逐渐延长间隔时间至 2h。如此 3d 之后，可由母猪自带仔猪进行哺乳。

5. 早期断奶，改善饲养管理　一般来说，仔猪 30 日龄后即可断奶，最常用断奶方法是移母不移仔，尽量做到饲料、环境、管理不变，以防仔猪发生应激反应，而后的管理、环境、饲料要逐步改善，使仔猪有适应过程。在仔猪处理完脐带、擦干身上的黏液后，随即肌内注射猪瘟单联苗，1h 后再吃初乳。为防止仔猪下痢，可以在母猪产前 15d 注射仔猪黄白痢多价苗。通常在仔猪出生第 1 天断尾，以阻止相互咬尾。一般用手术刀或斜嘴钳剪去最后 3 个尾椎，并注意止血、涂药，预防感染。

6. 病情防治　在猪舍内建立严格的消毒制度，保持一定的温度和湿度。对母猪投喂微生态制剂、抗菌肽、中草药制剂等，增加母猪的抵抗能力，保证仔猪能吃到充足的奶水。经常巡视猪舍，发现仔猪出现腹泻，立即用杀痢王涂抹仔猪背部，能有效止泻。哺乳期间每周对仔猪消毒 1 次。在猪舍门外设置消毒池，装入 3%氢氧化钠溶液。对病死仔猪及时进行无害化处理，焚烧后进行深埋，阻止疫情，不要随意乱扔，以免疫情扩散。

7. 培训饮水、开食吃料　一般仔猪出生后 3～5 日龄训练饮水，5～7 日龄训练开食，到 7 日龄能大量采食饲料。用于哺乳仔猪的饲料一定要营养全面、易消化、适口性好并且有一定的抗菌能力、仔猪采食后不易腹泻等。最好制成经膨化处理的颗粒料，保证松脆、香甜适口。

8. 去势　仔猪去势应在 7～10 日龄时进行为宜。仔猪处于母源抗体的保护之中，此时去势易操作，应激反应相对小，出血量少，不易感染疫病。去势日龄过早，睾丸小且易碎，不易操作；去势过晚，不但出血多，伤口不易愈合而且仔猪会表现出明显的疼痛症状，应激反应剧烈，影响仔猪的正常采食和生长。生产中很多养殖户在仔猪 15 日龄时去势，此时仔猪通过初乳获得的母源

抗体开始下降，而仔猪自身的免疫机制尚未健全，趋于免疫低谷，若此时阉割去势，病原通过伤口极易感染，引起疫病。

五、哺乳仔猪死亡原因

哺乳仔猪死亡历来是养猪生产中的一大损失。死亡率高低与饲养方式密切相关，其主要影响因素有分娩栏与育仔栏的设计、分娩舍内的温湿度控制、仔猪保温箱的加热方式、疾病的控制，母猪的营养与卫生条件等。在传统养猪条件下，哺乳仔猪的死亡还与垫草量关系较大。

死亡原因主要是：压、踩死亡占 47.7%，弱仔死亡占 18.6%，发育不良死亡占 11.7%，下痢死亡占 4.1%，其他如畸形、冻死、咬死、饿死等造成死亡占 17.9%。初生重对仔猪死亡率也有重要影响。

六、仔猪的断奶方法

（一）断奶日龄

哺乳仔猪的断奶日龄一般在 21～28d。21 日龄断奶，母猪一年能够多提供一头仔猪，能减少母猪哺乳期间的失重，并且能减少母源性疾病的传播。八眉仔猪 28 日龄断奶比 21 日龄断奶体重大，可以减轻断奶应激，更有利于八眉母猪生理机能的恢复，因为母猪产后 35d 左右（即 28 日龄断奶后 1 周），其子宫正好恢复到最佳状态，有利于发情配种，延长母猪的使用年限。

（二）断奶方式

仔猪的断奶方式主要有 3 种：一次性断奶、逐渐断奶和分批断奶。一次性断奶，即母仔一次性分离，这种断奶方式对仔猪的应激最大，而且会增加母猪乳房炎的发病比率，但操作简单，适合于规模化养猪场，也是目前八眉猪应用最普遍的断奶方式。逐渐断奶，即断奶期间母仔间歇性分离，逐天减少哺乳次数，最后一次性断奶。分批断奶，即根据仔猪体重大小和用途来进行，体重大的壮仔先断奶，弱仔或留作种用的延迟断奶。不论采取何种断奶方式，离乳仔猪体重不得少于 5.5kg（28 日龄断奶要求 7.5kg）。断奶后，赶走母猪，仔猪留原圈饲养 1 周，再转入保育舍。每头仔猪饲养面积为 0.25～0.40m^2，每圈以 12～15 头为宜，最多不能超过 20 头。

第二节　保育猪的饲养管理

一、保育猪的营养

由于八眉保育猪的消化系统发育仍不完善，生理变化较快，对饲料的营养及原料组成十分敏感，因此在选择饲料时应选用营养浓度、消化率都高的日粮，以适应其消化道的变化，促使仔猪快速生长，防止消化不良。

保育猪在整个生长阶段生理变化较大，各个阶段生理特点不一样，营养需求也不一样，为了充分发挥各阶段的遗传潜能，应采用阶段日粮，最好分成三阶段。第一阶段：断奶到 8～9kg；第二阶段：8～9kg 到 15～16kg；第三阶段：15～16kg 到 25～26kg。第一阶段采用哺乳仔猪料；第二阶段采用仔猪料，日粮仍需高营养浓度、高适口性、高消化率，消化能 13.8～14.2MJ/kg，粗蛋白质 18%～19%，赖氨酸 1.20%以上；在原料选用上，可降低乳制品含量，增加豆粕等常规原料的用量，但仍要限制常规豆粕的大量使用，可以用去皮豆粕、膨化大豆等替代；第三阶段，此时仔猪消化系统已日趋完备，消化能力较强，消化能 13.4～13.8MJ/kg，粗蛋白质 17%～18%，赖氨酸 1.05%以上；原料选用上完全可以不用乳制品及动物蛋白（鱼粉等），而用去皮豆粕、膨化大豆等来代替。

根据张继忠对 15 头保育猪的试验，八眉猪保育猪的生长性能情况见表 6-2。

表 6-2　30 日龄八眉猪断奶仔猪生长性能

猪数量（头）	始重（kg）	末重（kg）	日采食量（g）	日增重（g）	料重比	腹泻率（%）	死亡猪（头）	成活率（%）
15	6.17±0.34	19.56±3.49	659.27±17.45	297.56±3.24	2.22±0.22	40	2	86.67

二、保育猪的饲养管理

（一）合理的饲喂方式

断奶初期适当限饲，第 1 天减到正常日采食量的 40%～50%，以后每天渐渐增加饲喂量，少量多次，日喂 5～6 次，前 3～5d 以保持 8 分饱为宜。如

果无腹泻，到第7天达到常量。如果有腹泻，则腹泻控制后方可让其自由采食。断奶第1周，仔猪在原圈饲养，饲料不变，从第2周转入保育舍，开始换料，要求换料过渡期至少5d，新料的比重逐天增加，参考比例为20%、40%、60%、80%、100%。

（二）温度与湿度控制

哺乳仔猪正常体温为38.5～39.5℃，断奶后正常温度为38.0～39.0℃。但是，保育猪在三大应激的作用下，体温调节中枢的机能暂时失衡，导致体温下降0.5℃左右。加上断奶初期采食量受到限制，能量供给减少，仔猪体脂肪储存少，容易受凉感冒，引发以肠道机能紊乱为主要症状的多种疾病。试验研究结果表明，体温下降0.5℃，抵抗力降低30%。保育猪舍的适宜温度为23～25℃。断奶初期的5～7d，室温不得低于28℃，保育舍温度以高于哺乳舍2℃为宜。保育后期，舍温控制在20～23℃，利于顺利转入生长肥育期。湿度控制在65%～75%为宜，过高或过低都不利于仔猪的生长。湿度过低，空气中粉尘增多，容易诱发呼吸道疾病；湿度过高对仔猪生长更为不利，往往成为皮肤病、关节炎等疾病多发的诱因。防止湿度过高的主要措施是尽量减少水汽来源，合理设置通风装置。

（三）提供清洁充足的饮水

保育猪要求饮水充足、清洁卫生，可以用自来水或自打机井取水，坚决不能直接饮用河水，饮水中可加入葡萄糖、钠盐、钾盐和电解多维等物质来抵抗应激，以减少肠道疾病。试验表明，断奶后10～15d，仔猪饮用温开水最好，腹泻率可降低30%以上，但是，这种方法工作量太大，在规模化猪场不实用。一般在保育舍都有独立设置的饮水桶，加入高效的消毒药物也可以收到同样的效果。此外，仔猪饮水器高度是至关重要的，笔者在实践中发现，近半数猪场的饮水器安装不合格。保育仔猪饮水器高度以18～20cm为宜，每10头仔猪需要设置1个饮水器，水压不得过高，否则仔猪喝不到嘴里，每分钟水流量保持在250～350mL。做好饮水记录，便于分析猪群耗水量的变化。如果多数猪只频频饮水，或者当日饮水量超过前日饮水量的40%，则可能是猪群发病的前兆，应立即分析原因，及时饮水投药，以最小的代价把疾病控制在萌芽状态。

（四）提供良好的环境条件

1. 网床饲养　规模化八眉猪场一般采用网床饲养（图 6-2），粪尿从网眼漏下，清扫方便，能保持较好的卫生环境，同时避免了水泥地面传导散热的缺点。

图 6-2　保育八眉猪网床饲养

2. 通风换气良好　规模化猪场由于饲喂密度大，圈舍容积小，通风换气尤为重要，它关系到舍内温度、湿度和空气的卫生状况。通风换气的目的在于交换新鲜空气，排出污浊的空气，调节室内外温度，除去湿气，排出空气中的尘埃和病原微生物。良好的通风换气，对创造清新舒适的饲养环境、维持猪群的健康、提高生产性能至关重要。对非全封闭猪舍而言，为了防止夏季停电或发生故障时发生重大事故，一般以通风窗自然排风结合机械排风为宜。但是，风速不宜过大，避免风直接吹到猪身上，注意防止贼风。风速达到 0.2m/s 时，仔猪体表温度下降 4℃；风速 0.5m/s，体表温度下降 6℃；风速 1.5m/s，体表温度下降 10℃。猪舍中有害气体的最大允许值为：CO_2 3/1 000，H_2S 0.002/1 000，NH_3 0.003/1 000。良好的通风换气和适宜的温湿度是减少致病性大肠杆菌繁殖和减少呼吸道疾病的重要措施。

（五）经常观察仔猪状况

养猪效益的高低在于日常管理，而管理的关键是细节，要经常观察猪群。饲养员要经常到圈舍走动，随时观察猪群的变化，及时发现异常情况，同时仔猪常常随着人的靠近而起来吃料和饮水，促进仔猪生长。对仔猪的大群观察一般从运动、休息、摄食、饮水、粪尿等环节着手。首先，观察仔猪的运动状

况。健康仔猪精神活泼，行走平稳，步态矫健，眼睛明亮，两眼直视，摇头摆尾，跟随大群一起运动，偶尔触动则发出清脆的叫声。其次，休息时观察仔猪的站立和睡卧姿势。健康仔猪站立平稳或来回走动，不断发出“呼哧呼哧”的声音，一旦外人接近则凝神而视甚至快速跑开，表现出很高的警惕性，睡卧时多侧卧，四肢舒展伸直。再次，检查仔猪的摄食和饮水。在自由采食的条件下，健康仔猪摄食迅速，不时发出“咂吧咂吧”的声音，吃料过程中常常喝水。最后，注意观察粪尿的变化。正常尿液颜色清亮略偏黄，粪便软而成型，否则预示猪群消化不良甚至发生严重的消化道疾病。

三、保育猪的防疫

保育猪是猪生长过程中的一个重要阶段，在这个阶段中疫病是造成保育猪死亡的主要原因。规模化猪场必须建立定期的免疫监测，了解本场的免疫监测情况，包括加强母源抗体的监测，对于本场的免疫预防工作具有重要意义。同时，应依据免疫监测情况制订合理的、最佳的免疫程序，从而避免母源抗体对免疫效果的影响和各种疫苗免疫后相互间的干扰，达到最佳的免疫效果。除此之外，选择正确的、质量过关疫苗也很重要，需强化疫苗的运输和保存制度建设。

第三节　育成猪的饲养管理

一、育成猪的饲养管理

（一）育成猪的饲养

根据猪的生长发育规律，育成期八眉猪（图 6-3）阶段正是骨骼和肌肉生长强度最高的时期，体重 20～60kg 阶段，每天蛋白质生长量是从 84g 上升到 119g，以后基本稳定在 125g 左右。而脂肪的生长规律相反，育成猪阶段绝对生长量很少，每天由 29g 上升到 120g，而体重 60kg 以后则呈直线上升，每天沉积量由 120g 猛增加到 378g。根据这一规律，在育成猪饲养实践中，保证饲粮中矿物质、蛋白质和必需氨基酸水平极为重要，采用高蛋白、高能量饲粮，自由采食，或不限量按顿饲喂，以促进育成猪骨骼的充分发育和肌肉的快速生长。

图 6-3　育成期八眉猪

（二）育成猪的管理

育成猪的饲养管理是断奶仔猪的继续，公、母猪可继续混合饲养，根据圈栏面积的大小而确定猪的数量，地面平养，自由采食，防寒保暖，清洁卫生，防疫驱虫，也可以在生长肥育猪舍中与商品猪一起饲养。

二、肥育猪的饲养管理

（一）肥育猪的生长发育规律

肥育猪在不同阶段表现不同的发育规律，因而其营养需要的特点也不同。肥育猪的整个饲养过程可以分为肥育前期和肥育后期两大阶段。前后期的划分以体重为标准，猪体重在 20～60kg 时为肥育前期，达到 60kg 以上直至出栏为肥育后期。

1. 生长期　体重 20～60kg 为生长期。该阶段猪体各组织、器官的生长发育功能不很完善，尤其是 20kg 左右体重的猪，其消化系统的功能较弱，影响了营养物质的吸收和利用，并且这一阶段，猪只胃的容积较小，神经系统和机体对外界环境的抵抗力也正处于逐渐完善阶段。该阶段主要是骨骼和肌肉的生长，而脂肪的增长比较缓慢。

2. 肥育期　体重 60kg 到出栏为肥育期。该阶段猪的各个器官、系统的功能都逐渐完善，尤其是消化系统有了很大发展，对各种饲料的消化吸收都有了

很大改进；神经系统和机体对外界的抵抗力也逐渐提高，能够较快速适应周围温度、湿度等环境因素的变化。该阶段猪的脂肪组织生长较快，肌肉和骨骼的生长较为缓慢。

（二）肥育猪生产的环境要求

在八眉肥育猪的生产过程中，环境控制是很重要的一个环节。必须创造出一个良好的外界环境和适宜的生产小气候，保持合理的饲养密度，才能获得最理想的肥育效果。

（三）肥育猪的营养与饲料

1. 肥育猪的营养需要　在规模化养猪生产中，猪的生长发育完全依赖于人们给它提供的全面营养，其中有六大类营养是不可或缺的，分别是蛋白质、脂肪、碳水化合物、维生素、矿物质和水。其中，除了水以外，其余营养均需要通过饲料来摄取。

2. 饲料的配制

（1）粗饲料　一般由植物的地上部分经收割、干燥以后制成，可制成干草或者干草粉。农产品加工后的副产品（如糟渣类饲料）、脱粒收获后的农副产品（如秸秆和秕壳）都可以作为粗饲料来喂猪。该类饲料粗纤维含量高，但是蛋白质和能量成分的可消化性较低。在饲料中添加少量粗饲料，可以使猪有饱腹感，并且可以有效防止腹泻，但是添加量不宜超过4%，以免影响猪的采食量。

（2）青饲料　是指水生或陆生植物的整体或一部分，各种鲜树叶、菜叶以及非淀粉和糖类植物的块根、块茎和瓜果类多汁饲料。青饲料的干物质含量低，氨基酸含量较为均衡，一般以生喂为宜，但不用作猪的基础饲料。

（3）青贮饲料　是指自然含水的青绿饲料，包括野生青菜、栽培饲料作物。该类饲料经发酵作用以后，产生了大量的菌体蛋白和相关产物，营养有所增加，但是饲喂量不能超过50%。如发现霉变或腐败，则应该及时废弃，不能再用于饲喂。

（4）能量饲料　是指自然含水量低于45%、干物质中粗纤维低于18%、粗蛋白质低于20%的饲料。主要有谷实类和粮食加工副产品（如糠麸类），以及富含淀粉和糖的油脂类和糖蜜类。能量饲料是养殖业中应用最多的一类优质饲料。常见的能量饲料有：玉米、高粱、小麦、糠麸、胡萝卜和马铃薯等。

（5）蛋白质饲料　一般指干物质中粗纤维含量低于18%、粗蛋白质含量高于20%的豆类、饼粕类以及动物性饲料。蛋白质饲料是养殖业中又一类重要饲料，同时也是配合饲料生产过程中必不可少的饲料原料。代表性蛋白质饲料有大豆饼、棉籽饼、动物性鱼粉、血粉及微生物蛋白饲料等。

（6）矿物质饲料　包括钙、磷等常量元素的矿物质以及提供铁、铜、锰、锌、硒等微量元素的无机盐类。一般可以分为钙源饲料、磷源饲料、食盐和微量元素添加剂。

（7）饲料添加剂　是基础日粮的添加成分，其功能是完善饲料的营养性，提高饲料利用率，促进畜禽生长和预防疾病，减少饲料在贮存期间的营养损失以及改善猪的产品品质。饲料添加剂又分为营养性添加剂和非营养性添加剂。

（四）肥育猪饲养管理技术和方法

1. 合理分群　群饲可以增加采食量，加快猪生长发育，有效提高猪舍设备利用率以及劳动生产率，降低养猪成本，所以应该根据肥育猪的品种、体重和个体强弱，合理分群。分群的习惯做法是：留弱不留强，拆多不拆少，夜并昼不并，把处于不利争斗地位或较弱小的个体留在原圈，将较强的猪移出去。并群时应该选在夜间而不是白天，必要时可结合栏圈消毒，利用带有较强气味的药液喷洒猪圈与猪的体表。分群后还要加强后续管理，避免或减少个体之间的咬斗。

2. 调教　合理分群以后，要及时调教，使猪群养成在固定位置排便、睡觉、采食和饮水的习惯，以保持圈舍卫生，减轻劳动强度。调教成败的关键是要及早进行，重点抓两项工作：一要防止强夺弱食；二要使猪采食、卧睡、排便位置固定，保持圈栏干燥卫生。

3. 去势　性别对肉猪的生产表现和胴体品质有重要影响，公猪比母猪和去势猪长得快，且胴体瘦肉率高，但是公猪带有难闻的膻味，往往会影响猪肉的品质，通常去势后肥育。近年来，提倡仔猪早期去势，主要是因为仔猪体重小，易保定，手术流血少，恢复快。手术操作要严格遵守规程，去势医疗器具要严格消毒，手术完毕后应顺势涂抹碘酒，并注射抗生素。保持圈舍卫生，防止伤口感染。

4. 给予充足清洁饮水　肥育猪饮水量随环境温度、体重和饲料采食量而变化，在春秋季节，正常饮水量为采食饲料干重的4倍，夏季约为6倍，而到

了冬季只有3倍。供水方式宜采用自动饮水器或者设置水槽。

5. 饲喂

(1) 饲喂方法　饲喂方式有2种，即自由采食和限量采食。前者日增重较高，胴体背膘较厚；而后者饲料利用率较高，胴体背膘较薄。在肉猪生产实践中，要兼顾增重、饲料利用率和胴体瘦肉率3个因素，应当在肥育猪体重达到60kg以前采取自由采食或不限量按顿采食。体重达到60kg以后，应该采取限量采食或者每顿适当控制饲喂量的方法。这样既不会影响猪的增重速度，又不会影响猪的胴体质量。在饲喂前要注意检查料槽内是否有剩余的受潮发霉饲料，如果有，则要及时清除，然后再行饲喂。

(2) 日喂次数　小猪阶段（20～35kg），该阶段猪的肠胃容积小，消化能力差，而相对饲料需要量多，适合每天喂3～4次，饲料主要以蛋白质饲料和能量饲料等精饲料为主。中猪阶段（35～60kg），该阶段猪的消化能力有所增强，肠胃容积增大，适合每天喂2～3次，饲料以精饲料为主，青干饲料为辅。大猪阶段（60～100kg），该阶段猪的生理发育基本成熟，沉积脂肪能力大大增强，每天适合喂2～3次且要限量饲喂。每次饲喂的时间间隔应该保持均衡，饲喂时间应该选在猪食欲旺盛的时候。

(五) 科学肥育方法

我国常用的肥育方法有阶段肥育法、一贯肥育法和淘汰成年种猪肥育法等。

一贯肥育法又叫一条龙肥育法，从仔猪断乳到肥育结束，全程采用较高的饲养水平，实行均衡饲养的方式，一般在6～8月龄时体重可达90～100kg。一贯肥育法适用于规模化养猪场，需要有相应的经济承受力。

阶段肥育法又叫吊架子肥育法或分期肥育法，即把猪分为幼猪、架子猪和催肥猪3个阶段，采用一头一尾精细喂、中间时间吊架子的方式肥育。该方法适合农户和饲养条件较差的地方使用。

淘汰成年种猪肥育法是利用淘汰的成年种公猪、种母猪，去势处理后进行肥育的方法。为了改善肉的品质，并使猪变得安静，往往要对猪进行去势处理。手术后的猪体质较弱，食欲差，要精心管理，饲喂易于消化的饲料，提高猪的食欲，促进机体恢复。当猪健康状况好转、外观毛色发亮、食欲增进时，可进一步增加富含碳水化合物的饲料，达到较好的肥育效果。

第七章
猪群保健与疾病控制

随着消费者对高端肉需求的增加，西北地区特色养殖规模逐渐扩大，八眉猪作为西北的地方猪种是我们的重点发展对象。但随着外来猪种的引进，疾病监控措施不力，复杂疫病开始威胁着八眉猪养殖的发展。由于八眉猪具有强的抗病能力，所以目前综合防疫措施如疫苗接种、药物控制等，在疾病预防、控制等方面沿用了以前相对传统的模式，现代化程度不高，本章就八眉猪场的实际情况进行探讨。

第一节 猪场生物安全

生物安全体系的概念，近年来在生物学领域里得到了广泛的应用，特别受到养殖场、养殖专业户（主要是猪、禽饲养业）的关注。生物安全体系就是为阻断致病病原（病毒、细菌、真菌、寄生虫）侵入畜（禽）群体、为保证畜禽等动物健康安全而采取的一系列疫病综合防范措施，是较经济、有效的疫病控制手段。生物安全体系主要着眼于为畜禽生长提供一个舒适的生活环境，从而提高畜禽机体的抵抗力，同时尽可能地使畜禽远离病原体的攻击。目前，针对八眉猪场特点，生物安全已经和药物治疗、疫苗免疫等共同组成了疫病控制的三角体系，通过生物安全的有效实施，可为药物治疗和疫苗免疫提供一个良好的应用环境，尽量获得药物治疗和疫苗免疫的最佳效果，进而减少在饲养过程中药物的使用。要建立一个科学合理的生物安全体系，必须从猪场的防疫、消毒、饲养管理、治疗等方面入手。

一、重视检疫、健康检查

规模化猪场的猪群体数量大，如果忽视了健康检查工作，个别病猪混在其中一时不能发现，尤其是那些慢性的、非典型的病例更不能确诊。若是烈性传染病不能及时发现和消灭就会殃及全群。检疫就是为了及时检出病猪、揭露传染源的一种重要手段，同时对检出的病猪，根据疾病的性质和动物防疫法要求，做出果断的决定，该扑杀就须扑杀，该治的就治，要消毒的立即消毒，以便及时消灭传染源。

（一）检疫

检疫就是应用各种诊断方法对动物及其产品进行检疫检查，并采取相应的措施，防治疫病的发生和传播。通过反复的检疫，应对场内猪群的健康状况了如指掌，以便及时发现病猪。

1. 猪的静态检查　检查者位于猪栏外边，观察猪的站立和睡卧姿态。健康的猪神态自若，站立平稳或来回走动，精神活泼，拱地寻食，见有外人表现出警惕的姿态。睡下时多侧卧，四肢舒展伸直，呈胸腹式呼吸，平稳自如，节奏均匀。吻突湿润，鼻孔清洁；八眉猪较外来猪种粪便色黑、干燥成团、有光泽、尿色淡黄，体温为38～40℃。

病猪则常常站立一隅或卧于一角，鼻端触地，全身颤抖。当体温升高时，喜卧阴湿或排粪便处，睡姿多呈蜷缩状或俯卧状，鼻镜干燥，眼发红、有眼屎。若肺部有病变时，常将两前肢着地而伏卧，而且将嘴置于两前肢上或枕在其他病猪体上，有时呈犬坐姿势，呼吸促迫，呈腹式呼吸或张口喘息，流鼻涕或口涎。若为消化器官的疾病，则可见到尾根和后躯有粪便污物，地面可见倒立状或稀薄恶臭的粪便，并附有黏液或血液。若发现有上述症状的病猪，应及时隔离，以便进一步检查。

2. 运动时的检查　当猪群转栏和有意驱赶其运动时，检疫者位于通道一侧进行观察。健康猪精神活泼，行走平稳，步态矫健，两眼前视，摇头摆尾地随大群猪前进。若是有意敲打猪体，则发出洪亮的叫声。

病猪则表现精神沉郁，低头垂尾，弓腰曲背，腹部蜷缩，行动迟缓，靠边行走或出现跛行、掉队现象。也有的表现兴奋不安，转圈行走，全身发抖，倒地后四肢划动，不能起立。有的病猪在驱赶后即表现连续咳嗽、呻吟或发出异常的鼻音。对于这些有异常表现的猪应及时标记，隔离，以便做进一步诊断。

3. 询问检查　向饲养员询问猪只的健康状况。饲养员与猪群接触最密切，对每头猪的吃、喝、拉、尿情况最为清楚，向饲养员询问检查可节省许多时间。当兽医了解到病情后，再进一步做临床检查。

（二）诊断和处理

通过临床检疫应及时做出初步诊断并果断地采取措施。可分为以下几种情况：一是健康猪，二是病猪（表现出临床症状），三是可疑感染猪（与病猪同圈而无临床症状的猪），四是假定健康猪（与病猪同舍而无临床症状的猪）。

1. 病猪　在猪场中发现病猪如何处理，按传统的兽医工作方法是千方百计地进行治疗，但经验表明，有些不易治好的疑难杂症和“老大难”的病猪，即使治好后也发挥不了经济价值（如僵猪等），没必要再去救治。根据临床建议的结果，对下列5类病猪不予治疗，立即淘汰或无害化处理：①无法治愈的病猪；②治疗费用较高的病猪；③治疗费时费工的病猪；④治愈后经济价值不高的病猪；⑤传染性强、危害性大的病猪。当然，除这5类病猪以外，其他疾病还是需要积极治疗的，仍然保持各种治疗方法。

2. 可疑感染猪　对于某些危害较大的传染病。虽然已经将那些有明显症状的病猪处理了，但曾与病猪及其污染环境有过明显接触，而又未表现出症状的猪，如同群、同圈或同槽进食的猪。这类猪可能正处于潜伏期，故应另选地方隔离观察，要限制人员随意进出，密切关注它们病情的发展，必要时可进行紧急免疫接种或药物防治，至于隔离的期限应根据该传染病的潜伏期长短而定。由于八眉猪对一些疾病感染后没有明显症状（如猪瘟、高致病性蓝耳病等），若在隔离期间出现典型的症状，则应按病猪处理，如果被隔离的猪只安康无恙，则可取消限制。

3. 假定健康猪　除上述两类外，在同一猪场内不同猪舍的健康猪，都属此类。假定健康猪应留在原猪舍饲养。不准这些猪舍的饲养人员随意进入岗位以外的猪舍，同时对假定健康猪进行被动或主动免疫接种。

二、防疫制度

参考青海省互助县八眉猪原种育繁场防疫制度，具体内容如下：

1. 养殖场生产区门口设消毒池，经常更换消毒池内消毒液，保持有效浓度。

2. 禁止外来人员及车辆随意进出养殖场，必须经过严格消毒方可进入场区。

3. 生产人员需换工作服，消毒后方可进舍工作，严禁串岗，工作服要定期清洗、消毒。

4. 养殖场不得饲养禽、犬、猫及其他动物，工作人员不准外购畜禽产品进入场区，专职兽医不准对外诊疗。

5. 坚持自繁自养，引进畜种前调查产地是否为非疫区并有产地检疫证明，引入后隔离饲养30d，确认健康无病后，才能进入畜群混养。

6. 牲畜周转实行“全进全出”制，每批牲畜调出后，圈舍要进行冲洗、消毒，至少空圈1周。

7. 养殖场环境及用具需用高效、低毒、广谱的药物每周消毒一次，畜舍要保持通风，坚持每日打扫舍内卫生，保持料槽、水槽干净。

8. 禁止饲喂发霉、变质及不清洁的饲料和畜禽副产品。

9. 根据猪的发病情况，选择适当药物进行疫病防治，严格执行休药期。

10. 定期驱虫，搞好灭鼠、灭蚊蝇及吸血昆虫等工作。

三、消毒的定义及常用方法

众所周知，消毒是防止传染病的一个重要环节，很多猪场都十分重视并投入大量的人力财力开展消毒工作。近年来，外来猪种大量涌入西北，导致一些八眉猪场的疫病感染率升高。

消毒的目的是为了消灭滞留在外界环境中的病原微生物，它是切断传播途径、防止传染病发生和蔓延的一种手段，是猪场一项重要的防治措施，也是兽医监督的一个主要内容。

（一）消毒的种类

猪场的消毒可分为以下2种。

1. 预防性消毒　指未发生传染病的安全猪场，为防止传染病的传入，结合平时的清洁卫生工作和门卫制度所进行的消毒。诸如猪圈消毒，猪场进出口的人员和车辆的消毒，饮用水的消毒等。

2. 临时性消毒　猪场内发现疫情或可能存在传染源的情况下开展的消毒工作，其目的是随时、迅速杀灭刚排出体外的病原体。对于可能被污染的场所和物体也应立即消毒，包括猪舍、地面、用具、空气、猪体等，其特点是临时的、局部的，但需要反复、多次进行，是猪场常采用的一种消毒方法。

（二）消毒的方法

猪场中常用的消毒方法有物理、化学消毒法两类。

1. 物理消毒法　八眉猪目前主要生活在西北干旱、寒冷地区，考虑到用水及温度因素，场内物理消毒法主要有通风干燥、太阳暴晒和火焰喷射等。

（1）通风干燥　通风虽不能杀灭病原体，但可在短期内交换舍内空气，减少微生物的数量。特别在寒冷的冬春季节，为保温猪场常紧闭猪舍的门窗，在猪群密集的情况下，易造成舍内空气污浊，注意通风换气对防病有重要作用。同时通风能加快水分蒸发，使物体干燥。缺乏水分，还能致使许多微生物都不能生存。

（2）太阳暴晒　阳光的辐射能是由大量各种波长的光波所组成，其中主要是紫外线，它能使微生物体内的原生质发生光化学作用，使其体内的蛋白质凝固。青海地处高原，紫外线强度高，由于病原微生物对日光尤为敏感，所以利用阳光消毒是一种经济、实用的办法。但猪舍内阳光照不进去，只适用于清洁工具、饲槽、车辆的消毒。

（3）火焰喷射　用专门的火焰喷射消毒器，喷出的火焰具有很高的温度。这是一种最彻底而简便的消毒方法，可用于金属栏架、水泥地面的消毒。专用的火焰喷射器需用煤油或柴油作为燃料。不能消毒木质、塑料等易燃的物体。消毒时应注意安全，并要按顺序进行，以免遗漏。

2. 化学消毒法　具有杀菌作用的化学药品，可广泛应用于猪场的消毒，这些化学药物可以影响细菌的化学组成、菌体形态和生理活动。不同的化学药品对于细菌的作用也不一样，有的使菌体蛋白质变性或沉淀，有的能阻碍细菌代谢的某个环节，如使原生质中酶类或其他成分被氧化等，因而呈现抑菌或杀菌作用。化学消毒的方法，即将消毒药配制成一定浓度的溶液，用喷雾器对需要消毒的地方进行喷洒消毒。此法方便易行，大部分化学消毒药都可用喷洒消毒法。消毒药的浓度，按各种药物的使用说明书配制。

四、不同消毒药物的性状、使用方法

（一）猪场常用的化学消毒剂介绍

在猪场的消毒工作中，以化学消毒剂使用最普遍且种类繁多，每种消毒剂都有其特点，各猪场应根据需要酌情选用，先简要介绍以下消毒剂。

1. 酚类　市售的商品名有来苏儿、石炭酸、农富、菌毒敌、菌毒净、菌毒灭、杀特灵等。

（1）杀菌机制　高浓度可裂解细胞壁，使菌体蛋白质凝集，低浓度使细胞酶系统失去活力。

（2）杀菌消毒效果　使用2%～5%浓度30min可杀死细菌繁殖体、真菌和某些种类的病毒；对细菌芽孢无杀灭作用。

（3）优点　对蛋白质的亲和力较小，它的抗菌活性不易受环境中有机物和细菌数量多少的影响，适用于消毒分泌物及排泄物。化学性质稳定，不会因贮放时间过久或遇热而改变药效。

（4）缺点　有特殊的刺激性的气味，杀菌消毒能力有限，长期浸泡易使物品受损。

2. 氯制剂　市售商品名称有漂白粉、抗毒威、威岛、优氯净、次氯酸钠、消毒王、氯杀宁、百度克、保利消毒剂等。

（1）杀菌机制　次氯酸作用为主，在水中产生次氯酸，使菌体蛋白变性。次氯酸分解形成新生态氧，氧化菌体蛋白质。氯直接作用于菌体蛋白。

（2）杀菌消毒效果　1%浓度在pH 7.0左右，5min可杀灭细菌繁殖体，30min可杀灭细菌芽孢。

（3）优点　杀菌谱广，使用运输方便、价廉。

（4）缺点　性能不稳定，有效氯易丧失，有机物、酸碱度、温度影响杀菌效果。气味重，腐蚀性强，有一定的毒性，残留氯化有机物有致癌作用，慎用。

3. 含碘类　市售商品名有碘伏、碘酊、三氯化碘、百菌消、爱迪伏、爱好生等。

（1）杀菌机制　碘元素直接卤化菌体蛋白质，产生沉淀，使微生物死亡。

（2）杀菌消毒效果　可杀灭所有微生物，6%浓度消毒30min可杀灭芽孢。

（3）优点　性质稳定，杀菌谱广，作用快，毒性低，无不良气味，适用于饮用水的消毒。

（4）缺点　成本高，有机物和碱性环境影响杀菌效果；日光也能加速碘分解，所以环境消毒受到限制。

4. 季铵盐类　市售商品名有新洁尔灭、百毒杀、消毒净、度米芬等。

（1）杀菌机制　改变菌体的通透性，使菌体破裂。具有表面活性作用，影响细菌新陈代谢，使蛋白质变性，灭活菌体内酶系统。

（2）杀菌消毒效果　0.5%浓度的溶液，对部分细菌有杀灭作用，对结核杆菌、真菌等效果不佳，对亲水性病毒无效，对细菌芽孢菌只有抑制作用，无杀灭作用。

（3）优点　杀菌浓度低，刺激性小，性质较稳定，无色，气味小。

（4）缺点　对部分病毒杀灭效果不好。对细菌芽孢无杀灭作用，效果受到有机物的影响较大，价格较贵。

5. 碱类　市售商品名有氢氧化钠、碳酸钠、石灰等。

（1）杀菌机制　高浓度的氢氧根离子（OH^-）能水解蛋白质和核酸，使细菌的酶系统和细胞结构受损。碱还能抑制细菌的正常代谢功能，分解群体中的糖类，使细菌死亡。

（2）杀菌消毒效果　2%氢氧化钠溶液就能杀死细菌和病毒，对革兰氏阴性菌较阳性菌有效。4%溶液需要 5min 即可杀灭芽孢。

（3）优点　杀菌消毒的效果较好。碱还有皂化去垢作用，无色无味，价格低廉。

（4）缺点　能烧伤人、畜的皮肤和黏膜。对铝制品、油漆漆面和纤维织物有腐蚀作用，若大量含碱性的污水流入江河，可使鱼虾死亡，进入农田造成禾苗枯萎，对环境造成严重的二次污染。要限用、慎用。

6. 过氧化物类　市售商品名有过氧乙酸、过氧化氢、臭氧、二氧化碳等。

（1）杀菌机制　释放出新生态氧，起到杀菌消毒的作用。

（2）杀菌消毒效果　0.5%溶液能杀灭病毒和细菌繁殖体，1%溶液 5min 内能杀死细菌芽孢。

（3）优点　无残留毒性，杀菌力强，易溶于水，使用方便。

（4）缺点　易分解，不稳定，价格较高，液体运输不便。

（二）猪场消毒的内容和方法

1. 门卫消毒　是指进入生产区前的消毒。此项工作往往有门卫来完成，同时与进出大门有关，故暂称门卫消毒，有以下几方面的内容。

（1）大门消毒池　主要提供出入猪场的车辆和人员通过，要避免日晒雨淋和污泥浊水流入池内，池内的消毒液经 3～5d 要彻底更换一次，可选用下列消毒剂轮换使用：氢氧化钠、过氧乙胺、菌毒敌等。

（2）洗手消毒盆　猪场进出口除了要有消毒池、消毒鞋靴之外，还需要进行洗手消毒，此项消毒往往被忽视，其实是十分重要的，因为手总是东摸西碰，易携带病原，而手的消毒也很方便，可选用新洁尔灭或百毒杀等消毒剂。

（3）车辆消毒　进出猪场的运输车辆，特别是运猪车辆，车厢内外都需要全面的喷洒消毒，可选用过氧乙酸、酚类消毒剂。

2. 临时消毒　在猪转群（母猪转入产房前待产）、环境发生变化或发现可疑疫情等情况下，对局部区域、物品随时采取的应急消毒措施，可见于以下几种情况。

（1）带猪消毒　当某一猪圈突然发现个别病猪或死猪，并疑为传染病时，在消除传染源后，对可疑被污染的场地、物品和同圈的猪进行的消毒。一般用手提喷雾消毒，要求使用安全、无气味、无公害、无二次污染的消毒剂，可选用新洁尔灭、百毒杀等消毒剂。

（2）空气消毒　在寒冷季节，为保温门窗经常紧闭，猪群密集，舍内空气严重污染的情况下进行消毒，要求消毒剂安全、无气味，人、猪吸入后对机体无害，不仅有杀菌作用，还有除臭、降尘、净化空气等功能。可选用过氧乙酸、百毒杀等消毒剂。

（3）饮水消毒　饮用水中细菌的总数或大肠杆菌数超标或疑似污染了病原微生物的情况下，需进行消毒，要求消毒剂对猪体无害，对饮水无影响。可选用碘伏、百毒杀或氯制剂等消毒剂。

五、免疫程序要合理

八眉猪作为西北地区的特有品种，具有抗病能力强的特点，根据八眉猪的生理特点，保种场应制订适宜的免疫程序。

（一）八眉猪场免疫技术要求

1. 必须使用经国家批准生产或已注册的疫苗，并做好疫苗管理，按照疫苗保存条件进行贮存和运输。

2. 免疫接种时应按照疫苗产品说明书要求规范操作，并对废弃物进行无害化处理。

3. 免疫过程中要做好各项消毒，同时要做到“一猪一针头”，防止交叉感染。

4. 经免疫监测，免疫抗体合格率达不到规定要求时，尽快实施一次加强免疫。

5. 当发生动物疫情时，应对受威胁的猪进行紧急免疫。

6. 建立完整的免疫档案。

（二）制订合理的免疫程序

有良好的疫苗和规范的接种技术，若没有合理的免疫程序，仍不能充分发挥疫苗应有的作用。因为一个地区、一个猪场可能发生多种传染病，而可以用来预防这些传染病的疫苗性质又不尽相同，有的免疫期长，有的免疫期短。因此，免疫程序应该根据当地疫病流行的情况及规律，猪的用途、日龄、母源抗体水平和饲养管理条件以及疫苗的种类、性质等方面的因素来制订，不能做硬性统一规定。制订的免疫程序还可根据具体情况随时调整，现介绍八眉猪的免疫程序以供参考（表 7-1 至表 7-3）。

表 7-1　八眉猪商品猪的免疫程序

序号	疫苗名称	接种日龄	接种人
1	猪瘟兔化弱毒疫苗	1	
2	猪喘气病灭活疫苗	7	
3	猪瘟兔化弱毒疫苗	20	
4	猪喘气病灭活疫苗	21	
5	高致病性猪蓝耳病灭活疫苗 猪传染性胸膜肺炎灭活疫苗 链球菌型灭活疫苗 口蹄疫灭活疫苗	23～25	
6	猪丹毒疫苗、猪肺疫疫苗或猪丹毒-猪肺疫二联苗 仔猪副伤寒弱毒疫苗 传染性萎缩性鼻炎灭活疫苗	28～35	
7	猪伪狂犬基因缺失弱毒疫苗 传染性萎缩性鼻炎灭活疫苗	55	
8	口蹄疫灭活疫苗 猪瘟兔化弱毒疫苗	60	
9	猪丹毒疫苗、猪肺疫疫苗或猪丹毒疫苗 猪肺疫二联苗	70	

表 7-2　八眉猪种母猪的免疫程序

序号	疫苗名称	接种日龄	接种人
1	口蹄疫灭活疫苗 猪喘气病灭活疫苗	每隔 4～6 个月	
2	猪瘟兔化弱毒疫苗 高致病性猪蓝耳病灭活疫苗 猪细小病毒灭活疫苗 猪伪狂犬基因缺失弱毒疫苗	初产母猪配种前	
3	猪瘟兔化弱毒疫苗 高致病性猪蓝耳病灭活疫苗	经产母猪配种前	
4	猪伪狂犬基因缺失弱毒疫苗 大肠杆菌双价基因工程苗 猪传染性胃肠炎、流行性腹泻二联苗	产前 4～6 周	

备注：1. 种猪 70 日龄前免疫程序同商品猪。

2. 乙型脑炎流行或受威胁地区，每年 3～5 月（蚊虫出现前 1～2 个月），使用乙型脑炎疫苗间隔一个月免疫两次。

3. 猪瘟兔化弱毒疫苗建议使用脾淋疫苗。

4. 根据本地疫病流行情况可选择进行免疫。

表 7-3　八眉猪种公猪的免疫程序

序号	疫苗名称	接种日龄	接种人
1	口蹄疫灭活疫苗	每隔 4～6 个月	
2	猪瘟兔化弱毒疫苗 高致病性猪蓝耳病灭活疫苗 猪伪狂犬基因缺失弱毒疫苗	每隔 6 个月	

备注：1. 种猪 70 日龄前免疫程序同商品猪。

2. 乙型脑炎流行或受威胁地区，每年 3～5 月份（蚊虫出现前 1～2 个月），使用乙型脑炎疫苗间隔一个月免疫两次。

3. 猪瘟兔化弱毒疫苗建议使用脾淋疫苗。

六、加强饲养管理

加强饲养管理、科学配合饲料、搞好环境控制是保障猪群健康生长、增强抵抗力的必要措施。要根据八眉猪不同饲养阶段生长和繁殖的需要，供应适口性强、易消化吸收的全价饲料。饲料配方应坚持稳定和严禁使用违禁药物或添加剂为原则，严禁使用发霉、变质和有毒有害的原料生产饲料。要根据猪的不同生长发育阶段和繁育需要保持适宜的室温和运动量，饲养中应控制饲养密度，加强通风换气，降低不良气味产生。保持猪舍干燥，冬季注意保温，搞好清洁卫生，防止病原微生物增殖。提供清洁饮水，保持适度光照。保持环境安静，避免因噪声引发猪群应激，加强饲养管理和猪舍内部环境控制，防止猪群机体抵抗力下降而发病。由于机体免疫力的建立，猪会自发地将用于生长的饲料营养转移到建立高水平的免疫防御屏障上来，所以在防疫前后需要给猪种饲喂高营养浓度的饲料。

七、猪场常备药物、医疗器械和疫苗

（一）猪场常备药物

1. 治疗用药

（1）抗病毒二号（主要成分：黄芪多糖）注射液　用于增强体质，稀释猪瘟疫苗，配合其他抗菌药物，辅助治疗。

（2）氟苯尼考注射液　治疗咳嗽等呼吸道病。

（3）氨苄青霉素　治疗感冒。

（4）链霉素　与氨苄青霉素配合使用。

（5）庆大霉素　治疗肠炎及呼吸道病。

（6）阿托品　配合抗生素治疗严重腹泻。

（7）肾上腺素　抗过敏、抗休克。

（8）柴胡　为退烧解表药，常和安乃近、地塞米松配合成复方柴胡使用。

（9）氨基比林、安乃近、安痛定　属同一类药，起解热镇痛作用。

（10）双黄连注射液　与青链霉素合用治疗猪高热不退。

（11）板蓝根注射液　抗病毒类药物，配合抗生素使用。

（12）长效土霉素注射液（得米先）　广谱抗菌药。

2. 保健药物

（1）阿莫西林粉　抗生素类药，系半合成青霉素，主要用于青霉素敏感的革兰氏阳性、阴性菌感染，如对链球菌肺炎球菌、金黄色葡萄球菌、痢疾杆菌、淋球菌、流感杆菌、大肠杆菌等有明显抗菌作用。

（2）氟苯尼考粉剂　抗菌谱与氯霉素、甲砜霉素基本相同，而抗菌活性明显高于氯霉素和甲砜霉素，对革兰氏阳性菌和革兰氏阴性菌均有强大杀灭作用，特别是对伤寒杆菌、流感杆菌、沙门氏菌作用最强，对痢疾杆菌、变形杆菌、大肠杆菌也有明显抑制作用。主要用于治疗猪脑膜炎、胸膜炎、乳腺炎、仔猪副伤寒、仔猪黄痢、白痢、呼吸道感染。

（3）黄芪多糖粉剂　有多种作用，为猪场必须用药。

（4）驱虫药　驱虫。

（5）小苏打（碳酸氢钠）　碳酸氢钠能中和胃酸，溶解黏液，降低消化液的黏度，并加强胃肠的收缩，起到健胃、抑酸和增进食欲的作用。碳酸氢钠在消化道中可分解放出 CO_2，由此带走大量热量，有利于炎热时维持机体热平衡。饲料中添加碳酸氢钠，可提供钠源，使血液保持适宜的钠浓度。

（6）脱霉剂　去除玉米、麸皮中的霉菌毒素。

3. 消毒剂

（1）碘酊　5％碘酊用于外科手术部位、外伤及注射部位的消毒，用碘酊棉球涂抹局部。本品对外伤虽有一时的疼痛，而杀菌能力强，用后不易发炎，并对组织毒性小，穿透力强，是每个猪场和养猪专业户必备的皮肤消毒药。

（2）酒精　75％的酒精消毒效果好。75％酒精浸泡脱脂棉块，便制成了常用的酒精棉。本品具有溶解皮脂、清洁皮肤、杀菌快、刺激性小的特点，用于注射针头、体温计、皮肤、手指及手术器械的消毒，是必备的消毒药。注射活疫苗时严禁使用酒精浸泡的针头。

（3）过氧化氢（双氧水）　常用3％溶液，本品遇有机物放出初生态氧，呈现杀菌作用。主要用于化脓创口、深部组织创伤及坏死灶等的处理。

（4）高锰酸钾（过锰酸钾）　本品是一种强氧化剂，对细菌、病毒具有杀灭作用。常用0.1％溶液，用于猪乳房消毒，化脓创、溃烂创冲洗等。

（5）火碱（氢氧化钠、烧碱、苛性钠）　本品对病毒和细菌具有强的杀灭能力，3％溶液用于猪舍地面、食槽、水槽等消毒，可放入消毒池内作为消毒液，并可用于传染病污染的场地、环境的消毒。但不许带猪消毒，以防止烧坏皮肤。

（6）甲醛（40％甲醛溶液是福尔马林）　本品有极强的还原性，可使蛋白质变性，具有较强的杀菌作用，2％福尔马林用于器械消毒。猪舍熏蒸清毒，要求室温20℃，相对湿度60％～80％，门窗密闭，不许漏风。每立方米空间用福尔马林25mL、水12.5mL、高锰酸钾25g。先把福尔马林和水放入一个容器内，再加入高锰酸钾；甲醛蒸气迅速蒸发，人必须快速退出。消毒时间最好24h以上，特别要注意的是先放福尔马林和水，后放高锰酸钾，按这个程序进行，不允许颠倒。

（7）生石灰　配制10%～20%石灰乳，涂刷猪舍墙壁、栏杆、地面等，也可以将生石灰撒在阴湿地面、猪舍地面、粪池周围及污水沟旁等处。

（二）猪场常备医疗器械

为保证八眉猪猪场工作的正常运行，常备医疗器械主要有：剪牙钳、断尾钳、一次性注射器、连续注射器、针头、兽用灌药头、手术刀、手术剪、手术钳、止血钳、缝合针、器皿盘、兽用体温计、子宫清洗器等。

（三）猪场疫苗

1. 猪瘟兔化弱毒疫苗　冻干苗按瓶签注明的剂量加灭菌生理盐水或蒸馏水稀释，各种大小猪一律肌内或皮下注射1mL，4d后产生免疫力。哺乳仔猪接种后免疫力不够强，必须在断奶后再接种1次，流行地区可加大剂量。断奶仔猪免疫期可达1年以上。

2. 猪肺疫疫苗

（1）猪肺疫弱毒菌苗（内蒙古系口服苗）　不论大小猪，一律口服3亿个菌，按猪数量计算需用菌苗剂量，用清水稀释后拌入饲料。菌苗稀释后限6h内用完，口服7d后产生免疫力。断奶仔猪免疫期可达10个月。

（2）猪肺疫弱毒菌苗（EO-630）　冻干苗用灭菌的20%铝胶生理盐水稀释，断奶后每只猪肌内或皮下注射1mL（含活菌不少于3亿个），菌苗稀释后限4h内用完。免疫期6个月。

（3）猪肺疫氢氧化铝菌苗　断奶后的猪不论大小均皮下或肌内注射5mL，注射后14d产生免疫力。免疫期6个月。

3. 猪丹毒菌苗

（1）猪丹毒弱毒菌苗（GC42或G4T10）　断奶后不论大小猪按瓶签注明，用20%铝胶生理盐水稀释后一律皮下或肌内注射1mL，注射后7d产生免疫力。GC42弱毒苗可用于口服，口服剂量每头2mL，含活菌14亿，口服后9d产生免疫力。免疫期6个月。

（2）猪丹毒氢氧化铝甲醛菌苗　体重10kg以上的断奶仔猪，皮下或肌内注射5mL。10kg以内的未断奶仔猪皮下或肌内注射3mL，45d后再注射3mL，注射后21d产生免疫力。免疫期6个月。

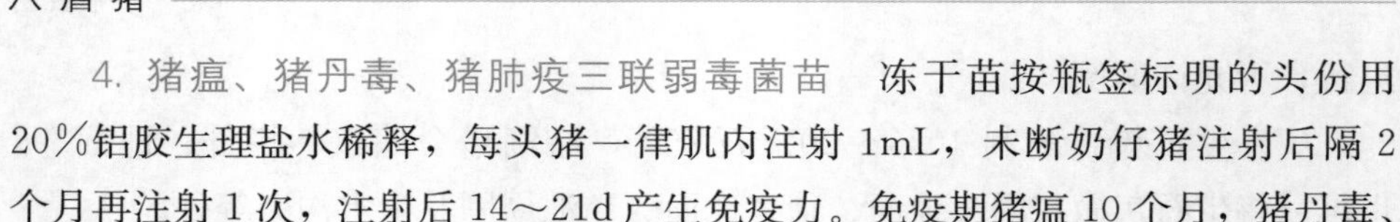

4. 猪瘟、猪丹毒、猪肺疫三联弱毒菌苗　冻干苗按瓶签标明的头份用20%铝胶生理盐水稀释，每头猪一律肌内注射1mL，未断奶仔猪注射后隔2个月再注射1次，注射后14～21d产生免疫力。免疫期猪瘟10个月，猪丹毒、猪肺疫6个月。

5. 仔猪副伤寒弱毒菌苗　冻干苗按瓶签标明的头份用20%铝胶稀释剂，稀释为每头剂1mL于猪耳后浅层肌内注射，常发病地区可在断奶后各免疫一次，间隔3～4周。

6. 仔猪红痢氢氧化铝菌苗　怀孕母猪初次注射菌苗时应肌内注射两次，第一次在分娩前1个月左右，第二次于分娩前半个月左右，剂量均为5～10mL。

7. 猪链球菌菌苗

（1）猪链球菌氢氧化铝菌苗　不论猪只大小一律肌内或皮下注射菌苗5mL（浓缩苗为3mL），注苗后21d产生免疫力。免疫期4～6个月。

（2）猪链球菌弱毒菌苗　冻干苗按标签标明的头份，每头份加入20%铝胶生理盐水或生理盐水1mL稀释溶解。断奶后仔猪至成年猪一律肌内或皮下注射1mL，注射后7～14d产生免疫力。免疫期6个月。

8. 猪口蹄疫疫苗（猪O型口蹄疫BEI灭活疫苗）　断奶后不论大小猪每头肌内注射3mL，未断奶仔猪注射1～2mL，间隔1个月强化免疫1次，每头猪注射3mL。免疫期6个月。

八、猪常用的投药方法

（一）猪口服给药法

此方法一般限于西药片剂、西药粉剂、中成药物粉剂和中药水剂以及其他水剂等。

1. 随料投喂法　此方法是在病猪发病初期（不严重）有食欲、药物无特殊气味的情况下采用。将药拌在猪爱吃的饲料中，任其自由采食。

2. 舔剂给药法　此法适用于固体药物，将药物拌入适量玉米粉内，加水调成糊状，把猪固定好，头部稍高，用小木棍轻轻撬开猪嘴，取一滑竹片刮取药物抹在舌根部让其吞咽（多用于仔猪）。

3. 灌药法　此法在病猪病情较严重、无食欲或药物有特殊气味时采用。

灌药时，先抓住猪的两耳或前腿上提，将猪保定好，再用小木棍撬开猪嘴，将加水稀释的药液用金属小勺（50mL 的注射器最好）慢慢倒入或注入病猪口中，让其自行咽下，然后重复操作。如果猪狂叫骚动，不要强行硬灌，等安静后再灌，以防药液进入气管造成死亡。

（二）猪的注射方法

首先要根据猪的大小、体重、肥瘦选择合适型号的针头，无能采用哪种注射方法，都要严格消毒，用5%碘酊涂擦打针部位的皮肤。

1. 肌内注射法　肌肉组织的吸收力比皮下稍弱，若希望药液缓慢被吸收或施用对局部有刺激性的药物时，不宜皮下注射用药的，可采用肌内注射。注射部位多选在颈部或肌肉丰满、没有大血管和神经之处。注射时以左手食指及中指（或大拇指）压住注射部位的肌肉以免移动，右手持注射器稍直而快速刺入肌肉，随即将药物注入。

2. 皮下注射法　此方法用于注射无刺激性的药物或希望药物快速被吸收。小猪的注射部位在腋窝或大腿内侧皮下，大猪在耳后皮下。注射前以左手拇指和食指捏起皮肤，右手持注射针管在皱襞底部稍斜 30°左右快速地刺入皮肤与肌肉之间，然后缓缓推药。注射完后将针头拔出，立即以药棉擦注射部位，使药液散开。如果皮下有水肿，则不要采用此法。

3. 静脉注射法　此方法针对药液刺激性太大或必须使药液迅速生效达到快速治病效果，常采用该方法。注射部位多选在猪耳静脉，即在猪耳朵背面稍突起的静脉处，用酒精棉球局部擦拭，用手指压住待注射的耳朵（使静脉怒张），将针刺入静脉，见针管内有回血，说明已正确注入，这时候要把耳部上下捏住，以防猪活动时针头退出血管。初次静脉注射时，可在猪耳边缘血管进针，若第一次不成功出现肿胀时，应顺次向里边的血管进针。如果耳静脉出现肿胀，模糊不清，或遇到猪耳静脉不明显时，可改用前腔静脉注射法。注射时可采取仰卧保定，将猪的两后肢向后拉，两前肢向前伸，头部放平。注射部位在胸骨前端两侧及颈部以下 1/3 的两个凹陷处，两侧均可注射。经局部剪毛消毒后，针头对准前肢的肘部，与注射部位呈 45°角，慢慢将针头刺入 3～5cm 深，见针管有回血时即可注射药液。注射前，注意排尽注射器内的空气。刺激性较强的药液要避免漏到皮下，以免引起组织坏死。

（三）猪灌肠方法

取长 1.5m、直径 1cm 的塑料管或橡皮管，涂上植物油后慢慢插入猪肛门内，然后提高灌肠器，使药液流入直肠，并来回拉动胶管，以刺激排粪。灌肠适用于退烧和脱水的生猪。促使猪排粪的，多用温水灌肠；促使猪退烧的，多用凉水灌肠。在灌肠过程中，注意观察病猪呼吸和脉搏，以防止肠破裂。

第二节　八眉猪主要传染病的防控

八眉猪作为西北地方猪种，具有抗病性强的特点，通过对各保种场的调查，以下将对在八眉猪中发现过的主要传染病进行叙述。

一、猪肺疫

1. 病原　本病的病原为多杀性巴氏杆菌（*Pasteurella multocida*），为革兰氏染色阴性球杆状或者短杆状菌状，两端钝圆，大小为（0.25～0.4）μm×（0.5～2.5）μm。单个存在，有时成双排列。病料涂片用瑞氏染色或美蓝染色时，可见典型的两极着色，即菌体两端染色深，中间浅，无鞭毛，不形成芽孢，新分离的强毒菌株有荚膜。本菌抵抗力不强，在无菌蒸馏水和生理盐水中很快死亡。在阳光暴晒下 10min，或在 56℃ 15min，或 60℃ 10min，可被杀死，厩肥中可存活 1 个月，埋入地下的病死尸，经 4 个月仍残存活菌，在空气中干燥 2～3d 可死亡，3%石炭酸、3%甲醛溶液、10%石灰乳、2%来苏儿、0.5%～1%氢氧化钠等 5min 可杀死该菌。

2. 流行病学　对多种动物和人均有致病性，以猪最易感，发生无明显季节性，但以冷热交替、气候剧变、潮湿、多雨发生较多，营养不良、长途运输、饲养条件改变或不良因素促进本病发生，一般为地方性流行或散发。

3. 病理症状　潜伏期 1～5d，最急性型，晚间还正常吃食，次日清晨即已死亡，常看不到表现症状；病理稍长，体温升高到 41～42℃，食欲衰竭，全身衰弱，卧地不起，呼吸困难，呈犬坐姿势，口鼻流出泡沫，病程 1～2d，死亡率 100%。急性型（胸膜肺炎性），体温 40～41℃，痉挛性干咳、排出痰液呈黏液性或脓性，呼吸困难，后成湿痛咳，胸部疼痛，呈犬坐、犬卧姿势，初便秘，后腹泻，在皮肤上可见淤血性斑块。慢性病，持续有咳嗽，呼吸困难，鼻流少量黏液，有时出现关节肿痛、消瘦、腹泻，经 2 周以上衰竭死亡，病死率 60％～70％。

4. 防控　根据本病传播的特点，防控首先应增强机体的抗病力。加强饲养管理，消除可能降低抗病能力因素和致病诱因如猪圈拥挤、通风采光差、潮湿、受寒等。圈舍、环境定期消毒，新引进猪隔离观察 1 个月后健康方可合群。预防接种是预防本病的重要措施，每年定期进行有计划免疫注射。可用猪肺疫氢氧化铝甲醛菌苗，猪瘟、猪丹毒、猪肺疫三联苗和猪肺疫口服弱毒疫苗等进行免疫接种。

发生本病时，应将猪隔离、封锁、严密消毒。同栏的猪，用血清或用疫苗紧急预防。对散发病猪应隔离治疗，消毒猪舍。因为多杀性巴氏杆菌耐药性菌株不断出现，所以在治疗时应对分离菌株做药敏实验，选用敏感的药物连用 3 d,中途不能停药。本菌一般对氨苄青霉素、红霉素、林肯霉素、庆大霉素、磺胺类药物及喹诺酮类药物均敏感。如：氨苄青霉素 80 万～240 万 U 肌内注射，同时用 10％磺胺嘧啶钠注射液 10～20mL 肌内注射，12h 1 次，连用 3d。

二、猪丹毒

1. 病原　本病的病原是丹毒丝菌属（*Erysipelothrix*）的猪丹毒丝菌（*E. rhuriopathiae*），为直或稍弯曲的细杆菌，两端钝圆，大小为(0.2～0.4) μm×(0.8～2.5) μm，单在或呈 V 形，以堆状或短链排列，易形成长丝状。革兰氏染色阳性，在老龄培养物中菌体着色能力较差，常呈阴性。无鞭毛，无荚膜，不产生芽孢。实验室培养时兼性厌氧。pH 6.7～9.2 均可生长，最适 pH 为 7.2～7.6，生长温度为 5～42℃。最适温度为30～37℃。

2. 流行病学　本病虽然一年四季均发生，但在北方地区以夏季炎热、多雨季节流行最盛，而在南方地区则在冬、春季节流行。常为散发性或地方性流行，有时暴发流行，以 4～6 月龄的架子猪发病最多；在流行初期猪群中，往往突然死亡 1～2 头健壮大猪，以后出现较多的发病或死亡的病猪，如能及时使用青霉素治疗，常能收到显著疗效，控制此病的流行。

3. 临床症状　按症状的不同，可分为败血症型、疹块型和慢性型三种类型。

（1）败血症型　为急性型，见于流行初期，个别健壮猪突然死了，未表现任何症状。多数病猪则表现减食或有呕吐，寒战，体温突然升高达 42℃以上，常躺卧不愿走动，大便干燥。有的后期腹泻；皮肤上出现形状和大小不一的红斑，指压时褪色。若小猪患猪丹毒时，常有抽搐神经症状。

（2）疹块型　为亚急性猪丹毒，皮肤表面出现疹块是其特征症状，俗称“打火印”或“鬼打印”。实际生产中较少见此类型的典型病例。

（3）慢性型　这种类型多由急性或亚急性转化而来的，主要病症是心内膜炎或四肢关节炎。

4. 防控　该菌对青霉素和大多数广谱抗菌药物敏感，发病时可以用于治疗，效果良好。本菌具有良好的免疫原性，因此免疫接种是最佳方法。可用猪丹毒弱毒冻干苗，猪瘟、猪丹毒、猪肺疫三联苗，猪瘟、猪丹毒二联苗或猪丹毒氢氧化铝菌苗等进行免疫接种，效果良好。目前，应用猪丹毒 GC_{42} 或 C_4T_{10} 弱毒菌株制成的冻干苗，用 20％铝胶生理盐水稀释后，在仔猪断奶后接种 5 亿～7 亿活菌，有良好的免疫力。若用 GC_{42} 弱毒冻干苗加倍口服也有效。应用灭活苗也有较好的保护效果。世界卫生组织提出的猪丹毒灭活苗的标准，以干燥菌 0.8mg 接种小鼠，免疫 2～3 周后，攻击强毒菌 50％以上获得保护，为 1 个单位，有效菌苗每毫升必须含 20 个单位，猪接种 60 个单位以上，免疫期 6 个月。本菌的细胞壁提取物 P64 是一种有效的免疫原，猪体免疫实验表明，它与弱毒疫苗具有同样的保护力。用牛或马制备的抗猪丹毒血清可用于紧急预防和治疗。

三、猪链球菌病

猪链球菌病是一种常见的传染病，是由链球菌属中多种链球菌引致的猪的一种传染性疫病的总称。临床上主要表现为败血症、脑膜炎、关节炎、皮肤化脓性感染和淋巴结脓肿等。

1. 病原　能引起猪链球菌病的病原复杂，主要有马链球菌兽疫亚种、猪链球菌、马链球菌类马亚种以及蓝氏分群中 D、E、L 群的链球菌等，我国流行的主要病原为马链球菌兽疫亚种和猪链球菌 2 型。

链球菌为革兰氏阳性菌，呈圆形或卵圆形，成双或以短链形式存在。需氧兼性厌氧，营养要求较高，需在 5％的鲜血或血清培养基上生长。马链球菌兽疫亚种在鲜血平板上能长成 3～4mm 的黏液样大菌落，呈典型的 β 溶血，能水解精氨酸，发酵乳糖、水杨苷、山梨醇产酸，不液化明胶，不还原硝酸盐。猪链球菌 2 型在鲜血平板上长成 1～2mm，呈浅灰色或半透明的小菌落，具 α

和β双重溶血，生化反应相对活泼，能发酵乳糖、菊糖、海藻糖、水杨苷、棉实糖，不发酵甘露醇和山梨醇。

2. 流行病学　各年龄的猪均能感染，但大多在3～12周龄的仔猪中暴发流行，尤其在断奶及混群时出现发病高峰。口、鼻腔是主要的入侵门户，而后在扁桃体定居繁殖。病猪及带菌猪为主要传染源，本病一年四季均可发生，夏、秋炎热季节易出现大面积流行，其他月份常呈局部流行或散发。

3. 诊断　根据流行病学、临床症状和病理变化等能对猪链球菌病做出初步诊断，确诊需病原的分离与鉴定。国内外现有的检测方法主要有三大类：分离培养及生化鉴定、血清学鉴定。

从患病猪的病变组织如扁桃体、肺脏、肺门淋巴结、脾脏和脑组织等中较易分离到细菌；分离到细菌后，可进行细菌生化鉴定，但由于猪源链球菌的生化特征并不十分稳定，菌株间往往存在差异，因此应与血清学等方法结合起来。马链球菌兽疫亚种可用乳胶凝集诊断试剂盒进行诊断，猪链球菌2型可用相应的高免血清进行玻片凝集试验进行诊断。分子生物学方法已大量应用于该病的诊断，PCR是一种快速而特异的检测猪源链球菌的方法，国内外已建立了多种PCR诊断方法，如16S～23S rDNA特异序列、马链球菌兽疫亚种的类M蛋白基因和猪链球菌2型的*mrp*、*ef*及*cps 2*等毒力相关基因的检测等。

4. 防控　猪链球菌病的发生涉及诸多因素，如猪群的健康状况（如混合感染、免疫抑制），菌株毒力的大小，环境和管理的质量等。拥挤、通风不良、大幅度温度变化以及2周龄以上差异的猪流动、混合饲养都是易感猪发生猪链球菌感染的重要因素。另外，适当的通风、控制虫害、清洁卫生、干燥适度的圈舍以及消毒剂的使用均可将该病的发生降低到最低限度。

对感染猪源链球菌并出现临床症状的猪，敏感的药物、适当的给药途径有助于感染猪的康复。大多数分离菌株对青霉素、阿莫西林、氨苄青霉素等敏感，对四环素、林可霉素、红霉素、卡那霉素、新霉素、链霉素则具有高度的抵抗力。饲料中加入治疗剂量的抗生素有助于控制临床发病，但不能清除携带的病菌。应该注意的是链球菌对敏感药物易产生抗药性，在临床用药中应充分考虑，最好的方法是在药敏试验的基础上选择敏感药物进行治疗和预防。

四、猪喘气病

1. 病原　病原是猪肺炎支原体（*Mycoplasma hyopneumoniae*），形态多

样，大小不等。在液体培养物和肺触片中，以环形为主，也见球状、两极杆状、新月状、丝状。对外界环境的抵抗力较弱，存活一般不超过26h。病肺组织中的病原体在−15℃可保存45d，1～4℃中可存活4～7d；在甘油中0℃可存活8个月，在−30℃保存20个月仍有感染力。经冷冻干燥的培养物在4℃可存活4年。常用化学消毒剂、1%苛性钠、20%草木灰溶液等均可在数分钟内将其灭活。对放线菌素D、丝裂菌素C、泰乐菌素、螺旋霉素、林可霉素敏感；青霉素、链霉素、红霉素和磺胺类药物对其无效。

2. 流行病学　本病的自然病例仅见于猪，不同年龄、品种、性别的猪均易感，八眉猪对此病尤为易感，80%左右猪都带病（图7-1），难以根除。本病可通过呼吸道排毒，飞沫传染。本病一年四季均可发生，但以冬、春季节高发，由于是呼吸道感染往往激发巴氏杆菌、肺炎球菌、化脓性菌、猪鼻支原体感染等。一旦感染，猪场不易消除此病。

图7-1　八眉猪喘气病

3. 临床症状　潜伏期一般为11～16d，最短3～5d，最长可达1个月以上。主要症状为咳嗽和气喘，

（1）慢性型　一般由急性转为慢性，也有原发性慢性经过，长期咳嗽，以清晨或晚间、运动进食后发生较多。严重呈痉挛性咳嗽。咳嗽时站立不动，弓背，颈伸直，头下垂，直至呼吸道中分泌物咳出咽下为止。症状时而明显，时而缓和。病猪常流鼻涕，有眼屎，可视黏膜发绀，食欲稍有减少。病程可达2～3个月，长者达大半年以上。

（2）隐形型　一般由急性和慢性转变而来。一般不表现明显的症状，但生长发育不良，饲料报酬降低。当外界环境变差，应激因素增加时常转为阳性发病。

4. 防控　本病使用土霉素治疗能收到良好的效果，卡那霉素治疗效果显著，土霉素和卡那霉素结合交替使用疗效更佳，对有该病流行的猪场可用长效土霉素对初生仔猪进行预防性用药，一般在 1 周左右注射 1 次，3 周时再用 1 次，改善卫生条件，注意防寒保暖。

可用乳兔化弱毒疫苗、168 株弱毒疫苗等进行免疫接种，有较好的效果，一般情况下进口疫苗的免疫效果优于国产疫苗。但预防和消灭本病的关键在于采取综合性防治措施，在健康猪群做到不引进病猪，在疫区以康复母猪培育无病的后代，建立健康猪群。

五、猪传染性萎缩性鼻炎

本病是一种慢性接触性传染病。病的特征为在猪的鼻部、鼻甲、鼻梁骨发生病变。猪场一旦发生本病很难清除。

1. 病原　产毒多杀性巴氏杆菌是本病的主要病原，支气管败血波氏杆菌是本病的一种次要的继发的温和型病原。巴氏杆菌可诱发典型的猪萎缩性鼻炎。

2. 流行病学　各年龄猪均可感染，但以幼猪病变严重，成年猪感染见不到任何病变，症状轻微呈隐性经过。病猪的带菌猪是本病的传染源，可经飞沫传播，也可直接接触传播，且传染性极强。出生后几天至几周的仔猪感染才能发生鼻甲骨萎缩，较大的猪感染可能只发生鼻炎、咽炎和轻度的鼻甲骨萎缩。

3. 临床症状　发病仔猪打喷嚏、流鼻涕，产生浆液性或黏液性鼻分泌物。病情加重持续 3 周以上发生鼻甲骨萎缩。病情严重的可流出脓性鼻液。鼻黏膜受到损伤后出现流鼻血，往往是单侧性的。鼻甲骨萎缩除引起呼吸障碍外，可见明显的脸变形，上颌骨变短而出现牙齿咬合不全。鼻泪管阻塞，流出的眼泪在眼下部形成圆形或半月形斑点，称为泪斑。

4. 防控　对阴性猪场，最佳的防控措施是杜绝该病的引入，尤其在引种过程中，应该进行严格的检疫，严防该病传入。

对母猪和仔猪进行疫苗接种可有效控制该病的发生。对发病猪可用敏感药物进行治疗。但对产生器质性病变的猪治疗意义不大，只能缓解症状，不能根治。

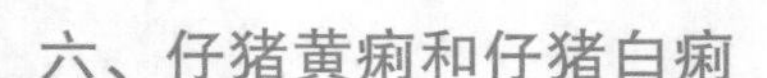

六、仔猪黄痢和仔猪白痢

1. 病原　为某些特殊血清型的致病性大肠杆菌，大肠杆菌为革兰氏阴性无芽孢的直杆菌，大小为（0.4～0.7）μm×（2～3）μm，两端钝圆，散在或成对。除少数菌株外，通常无可见荚膜，但常有微荚膜。本菌为兼性厌氧菌，在普通培养基上生长良好，在肉汤中培养 18～24h，呈均匀浑浊，管底有黏性沉淀，液面管壁有菌环。在营养琼脂上生长 24h 后，形成圆形凸起、光滑、半透明、灰白色菌落，直径 2～3mm；在麦康凯琼脂上形成红色菌落；在伊红美蓝琼脂上产生黑色带金属闪光的菌落；在 SS 琼脂上一般不生长或生长较差，生长者呈红色，一些致病性菌株在绵羊血平板上呈 β 溶血。

2. 流行病学

（1）仔猪黄痢　本病发生于 1 周龄以内的仔猪，以 1～3 日龄最为常见，1 周龄以后不发生。同窝发病率很高，达 90%以上。病死率很高，有的全窝死亡。不死的仔猪须经较长时间才可恢复正常。本病的传染源为带菌的母猪和病仔猪排的粪便。一般为消化道感染，少数为产道感染。本病的发生无季节性，与环境卫生关系密切。

（2）仔猪白痢　一般发生于 10 日龄至 1 月龄的仔猪，以 10～20 日龄较多（图 7-2）。不是同窝发病，发病率达 50%以上，死亡率低。本病的发生与菌群失调和母源抗体减少有关，并与各种应激因素有密切的关系。

图 7-2　八眉猪仔猪白痢

3. 防控　注意猪圈和母猪体的卫生是防治该病很重要的措施，八眉猪妊娠母猪注射大肠杆菌工程苗可取得较好效果。

七、猪瘟

1. 病原　猪瘟病毒（Classical swine fever virus，CSFV）属于黄病毒科（Flaviviridae）瘟病毒属（*Pestivirus*），病毒的核酸类型为正股RNA。猪瘟病毒不同毒株间存在显著的抗原差异，野毒株的毒力差异很大，强毒株可引起急性猪瘟，而温和毒株一般只产生亚急性或慢性感染，感染低毒株的猪只呈现轻度症状或无症状，但在胚胎感染或初生感染时可导致胚胎或初生猪死亡。

2. 流行病学　猪和野猪是本病的唯一宿主。病猪是主要的传染源。猪群暴发猪瘟多数由于引入外表健康的感染猪，也可通过病猪或未经煮沸消毒的含毒残羹而传播。人和其他动物可机械地传播病毒。主要的感染途径是口、鼻腔，或是通过结膜、生殖道黏膜感染。

3. 临床症状　由于八眉猪对猪瘟病毒感染后症状不太明显，故参考商品猪温和型及慢性型症状。

（1）温和型（非典型型）　常见于猪瘟预防接种不及时的猪群和断奶后的仔猪及架子猪。临床症状轻微，病情缓和，病理变化不典型，病程长，但致死率、发病率高。便秘，粪便呈紫黑色、干小球状，废食或少食，表情呆滞，被驱赶时站立一旁，呈弓背或怕冷状，全身发抖，行走无力，体温可达41℃，眼有多量黏液一脓性分泌物、结膜苍白、有散在出血点，两耳呈紫红色、有出血点，口腔黏膜出血，肛门松弛。

（2）慢性型　体温40℃以上，时高时低，食欲不振，腹泻，有时近于失禁，尾及后腿有粪污，有时腹泻与便秘交替发生，消瘦贫血。行走缓慢，喜卧，并有颤抖，有的皮肤出现紫斑，有的能康复，但生长缓慢。妊娠母猪感染后，引起死胎、木乃伊胎、早产或产出弱小的仔猪，数天后死亡。病程1个月以上。

4. 防控　无治疗药物。防控猪瘟必须采取综合性措施，我国的猪瘟兔化弱毒疫苗是国际公认的有效疫苗，得到广泛使用。一些发达国家消灭猪瘟采取的措施是“检测加屠宰”，即检出阳性的猪全群扑杀，费用高昂，但十分成功。

按照我国国情，需加强预防接种，搞好饲养管理，加强检疫和防疫，做好猪场卫生和消毒工作。

（1）做好猪瘟预防接种，制定科学的免疫程序。我国现有的猪瘟苗有猪瘟兔化弱毒冻干苗，猪瘟兔化弱毒培养冻干苗，猪瘟、猪肺疫、猪丹毒弱毒三联苗，在使用前应详看说明书。

（2）加强饲养管理，搞好猪舍清洁卫生，定期进行消毒，不要随便让人进入猪场。对哺乳仔猪要给予全价饲料。不喂发霉变质饲料，泔水应充分煮沸后再喂。

（3）加强检疫、防疫，防止从外地引进病猪，实行自繁自养，由外地引进新猪时应到无病地区选购，做好预防接种，隔离观察 2～3 周，确认健康方可入群饲养。

八、猪流感

1. 病原　猪流感病毒（Swine influenza virus，SIV）属正黏病毒科（Orthomyxoviridae）流感病毒属（*Influenzavirus*）。它引起猪的一种急性、高度接触性的呼吸道疾病（图 7-3）。临床上以发病急促、咳嗽、呼吸困难、发热、衰竭、迅速康复为特征。血清型复杂而易变异，目前已发现的猪流感病毒至少有 H1N1、H1N2、H1N7、H3N2、H3N6、H4N6、H9N2 等 7 种不同血清亚型。流感病毒存在于病猪和带毒猪的呼吸道分泌物中，对热和日光的抵抗力不强，一般消毒药能迅速将其杀死。

图 7-3　大八二元猪流感

2. 流行病学　病猪和带毒猪是本病的主要传染源。本病可发生于各年龄和各品种的猪。一年四季均可流行，但多发生于天气突变的晚秋、初冬和早春季节，发病率高达 100%。目前流行的猪流感病毒主要有 H1N1 和 H3N2 两种血清型。若无并发感染，死亡率较低。其病程、病情及严重程度随病毒毒株、猪的年龄和免疫状态、环境因素以及并发或继发感染的不同而异。猪流感病毒和繁殖与呼吸综合征病毒有协同作用，二者混合感染，发病情况更加严重，而支原体的存在，也是猪流感死亡率升高的原因，其传播途径主要为呼吸道。

3. 临床症状　本病潜伏期为 1～3d，通常在第一头病猪出现后的 24h，猪群中多数猪同时出现症状，表现为发热（40.5～41.7℃）、厌食、迟钝、聚堆、倦怠、衰竭等；有的猪还出现张口呼吸、急促和腹式呼吸等呼吸困难的表现，流鼻涕，眼结膜潮红。本病发病率高（100%）、死亡率低（小于1%），多数死亡是由于并发细菌感染（包括肺炎支原体、胸膜肺炎线杆菌、多杀性巴氏杆菌、副猪嗜血杆菌和猪链球菌等）而引发的支气管肺炎。

4. 防控　目前猪流感尚无特效治疗药物，关键是要加强饲养管理，如保温、避免贼风侵袭；提供充足洁净的饮水；注意营养平衡，补充维生素、微量元素等，提高猪体的抵抗力。可在料中添加支原净、四环素类、青霉素类等抗生素或其他药物控制并发或继发感染。

要预防猪流感的发生，最有效的方法是给易感猪接种流感疫苗：目前市场上的疫苗主要是含H1N1和/或H3N2的灭活疫苗和亚单位疫苗。接种后，对同一血清型的流感病毒感染有较好的预防作用。

九、猪伪狂犬病

1. 病原　属于疱疹病毒科（Herpesviridae）疱疹病毒甲亚科（Alphaherpesvirinae）猪疱疹病毒1型的猪伪狂犬病病毒。病毒的抵抗力较强，但对热、甲醛、乙醚、紫外线都很敏感。本病毒只有一种血清型。

2. 流行病学　猪为病毒的原始宿主，并作为贮主，可感染其他动物如马、牛、绵羊、山羊、犬、猫等多种野生动物，人类有抗性。大鼠在猪群之间传递病毒，病鼠或死鼠可能是犬、猫的感染源。本病一年四季均可发生，但以冬、春两季和产仔旺季多发。往往在分娩高峰的母猪舍先发病。几乎每窝都发病，发病率达100%。但发病和死亡有一高峰，以后逐渐减少。病猪、带毒猪和带毒的鼠类为本病的重要传染源。病毒随鼻分泌物、唾液、乳汁和尿中排出，易感猪主要通过直接接触和间接接触发生传染。本病可经消化道、呼吸道、皮肤、黏膜、生殖道感染，还可发生垂直传播。泌乳母猪感染发病可经乳汁传给哺乳仔猪。舔咬、气雾均为可能的传播途径，但最主要的途径则是食入污染病毒的饲料或死猪肉。

3. 临床症状　本病的潜伏期一般为3～6d。发病仔猪出现神经症状，兴奋不安，体表的肌肉痉挛，眼球震颤、向上翻，运动障碍。有间歇性的抽搐，严重的出现角弓反张，发热、高热，最后昏迷死亡。最典型症状为体躯某部位奇痒。病程36～48h。耐过的仔猪往往发育不良，成为僵猪。母猪多呈一过性和亚临床性，妊娠母猪出现流产、死胎（图7-4），流产发生率为50%。

4. 防控　基因工程疫苗用于猪伪狂犬病的预防是一个成功的典范，该疫

图 7-4　八眉猪初产母猪伪狂犬病引发的流产死胎

苗为毒力基因 TK 的天然缺失株，再去除不影响免疫原性的某个糖蛋白基因，作为分子标记区别于野毒株的感染，已普遍商品化应用。其他动物的伪狂犬病仅为散发，未见有用疫苗的报道。英国等国通过实施消灭计划，已消灭了猪伪狂犬病。

十、猪细小病毒病

1. 病原　该病病原为细小病毒科（Parvoviridae）细小病毒属的猪细小病毒。本病毒能凝集豚鼠、大鼠、小鼠、鸡、鹅、猫、猴和人的 O 型红细胞，其中以豚鼠的红细胞最好。本病毒对外界抵抗力极强，在 56℃恒温 48h，病毒的传染性和凝集红细胞能力均无明显的改变。70℃经 2h 处理后仍不失感染力，在 80℃经 5min 加热才可使病毒失去血凝活性和感染性。0.5％漂白粉、2％氢氧化钠溶液 5min 可杀死病毒。

2. 流行病学　猪是唯一的已知宿主，不同年龄、性别和品种的家猪、野猪都可感染。一般呈地方性流行或散发。常见于初产母猪。多发于 4～10 月份或母猪产仔和交配后的一段时间里。一旦发病可持续数年。病毒主要侵害新生仔猪、胚胎和胎儿。猪只感染 3～7d 后开始排毒，污染环境可持续数年。感染本病的母猪和公猪及污染的精液是主要的传染源。本病可经胎盘垂直感染和交配感染。公猪、母猪和肥育猪可经呼吸道、消化道感染。猪是此病的唯一宿主，不同年龄、品种、性别的猪均可感染。本病的感染率与动物年龄呈正相关，5～6 月龄阳性率为 8％～29％，11～16 月龄阳性率可高达 80％～100％，在阳性猪群中有 30％～50％的猪带毒。

图 7-5　猪细小病毒感染

3. 临床症状　病毒感染后主要症状表现为母源性繁殖失能，感染母猪可重新发情而不分娩或只产少数仔猪、大部分死胎、弱仔（图 7-5）、木乃伊胎等。妊娠中期胎儿死亡后被母体吸收，唯一可见母猪腹围减小。在同窝仔猪中有木乃伊胎存在时，可使妊娠期和分娩间隔延长，易造成外表正常的同窝仔猪死亡。母猪一般妊娠 50～60 日龄感染时多出现死产，70 日龄以后感染多能产正常仔，但仔猪常常带有抗体或病毒。

4. 预防和治疗

（1）预防　为了防止本病，应从无病猪场引进种猪。从本病阳性猪场引进种猪时，应隔离观察 14d，进行 2 次血凝抑制试验，当血凝抑制滴度在 1∶256 以下或呈阴性时，才可以混群。在本病污染的猪场，可采取自然感染免疫或免疫接种的方法，控制本病发生。在后备种猪群中，放进一些血清阳性的老母猪，或将后备猪放在感染猪圈内饲养，使其受到自然感染而产生自动免疫力。此法的缺点是猪场受强毒污染日趋严重，不能输出种猪。

（2）治疗　我国自制的猪细小病毒灭活疫苗，注射后可产生良好的预防效果。仔猪母源抗体的持续期为 14～24 周，在抗体滴度大于 1∶80 时，可抵抗猪细小病毒的感染。因此，在断奶时将仔猪从污染猪群移到没有本病污染的地方饲养，可培育出血清阴性猪群。

第三节　八眉猪主要寄生虫病

猪疥螨是猪最重要的体外寄生虫，猪疥螨病是由疥螨科疥螨属的猪疥螨引起的。疥螨寄生于猪的皮肤内，引起皮肤发生红点、脓疱、结痂、龟裂等病变，并以剧烈的痒觉为特征。八眉猪多有该病发生，由于本病不至于造成死亡，往往低估了其危害性。

1. 病原和生活史　猪疥螨成虫呈圆形或龟形，背面隆起，腹面扁平，成虫有 4 对粗短的腿，虫体大小为 0.3～0.5mm，肉眼勉强看到。虫卵椭圆形，两端较钝，透明，灰白色。

疥螨是不全变态的节肢动物，为终生寄生，其发育过程包括卵、幼虫、若虫和成虫 4 个阶段。疥螨钻进宿主表皮，挖凿隧道，并在隧道内发育繁殖。雄虫交配后死亡，雌虫在隧道内产卵。1 个雌虫一生可产卵 40～50 个，平均每天产卵 1～3 个，约 1 个月后雌虫死亡。虫卵 5d 后孵出幼虫，幼虫进一步蜕化为若虫，并发育为成虫，全部发育过程均在猪表皮隧道内进行，从卵至成虫其全部生活史需 8～22d。

2. 诊断要点

（1）疥螨常寄生于猪的耳郭部，严重者耳郭病变每克刮屑中含螨卵多达 18 000 多个。健康猪可直接接触患病猪或通过猪舍、用具和工作人员的间接接触感染。猪群密集、气候潮湿和寒冷时病状明显，猪的日龄越小，症状越重。感染母猪在哺乳期间可通过直接接触传给仔猪。螨及虫卵离开猪体后，存活时间不超过 3 周。

（2）感染病猪病初常见耳郭部皮屑脱落，进而形成水疱，相互融合结痂。病变还常见于眼窝、颊、颈、肩、躯干两侧（图 7-6）和四肢，患部不断擦痒，痂皮脱落，再形成，再脱落，久而久之，皮肤增厚，粗糙变硬，失去弹性或形成皱褶和龟裂。

（3）由于本病是一种体外寄生虫，病变一目了然，诊断不困难。必要时可做螨虫检查，病料最好从耳郭内部采集，选择患病部位皮肤与健康皮肤交界处的癣痂，用蘸有水、甘油或 10% 氢氧化钾溶液的小刀刮取，直接涂片，在低倍显微镜下检查，可见到不同发育阶段的疥螨。

图 7-6　八眉猪疥螨病

3. 预防和治疗

（1）预防　疥螨病的预防和控制应从种猪群着手，首先对种猪逐头全面检查和诊断，然后进行彻底治疗。从外地购入的猪，要先隔离观察。确认无病后，方可合群饲养。

猪疥螨还可传染给人，与病猪接触的工作人员应注意个人防护。

（2）治疗

①外用药物：常用的有0.5%～1%敌百虫水溶液，或0.05%辛硫磷等溶液，对患部涂擦喷洒，但要注意以下2个问题：

清洗患部：剪毛去痂后，用温水彻底清洗患部，然后再用2%来苏儿液洗刷1次，擦干后再涂药。

重复用药：因大多数药物只能杀死虫体而不能杀灭虫卵，必须治疗2～3次，每次间隔5d。同时还要注意环境的消毒，用0.5%敌百虫溶液或杀螨剂喷洒猪舍。

②注射或口服用药：目前普遍使用的是伊维菌素。用其针剂做皮下注射，用量为每千克体重0.2mg，经2周后重复注射1次。其散剂可内服，用量为每千克体重10～15mg。同时本品还能驱除其他体内外寄生虫。

第四节　常见普通病的防控

一、疝

疝又称赫尔尼亚，是腹部的内脏从自然孔道或病理性破裂孔脱至皮下或其他腔、孔的一种现象。病因有先天性与后天性之分，先天性疝多见于仔猪，是因解剖孔先天性过大引起的，并与遗传因素（特别是公猪）有关；后天性疝常因外伤和腹压过大而发生。当猪的体位改变或人们用手推送疝内容物时，能通过疝孔还纳于腹腔的称可复性疝；如因疝孔过小，疝内容物与疝囊粘连，或疝内容物嵌顿在疝孔内，使脏器遭受压迫，造成局部血液循环障碍，甚至发生坏死，称为嵌闭性疝。按照疝的发生部位，有脐疝（图7-7）、腹股沟阴囊疝和外伤性腹壁疝等。最常见的为脐疝。脐疝是指腹腔脏器经脐孔脱出于皮下。疝由疝孔、疝囊、疝内容物等组成。疝孔是疝内容物及腹膜脱出时经由的孔道，疝囊是由腹膜、腹壁筋膜和皮肤构成，疝内容物多为小肠和网膜，有时是盲肠、子宫和膀胱。

图 7-7　大八二元仔猪脐疝

1. 诊断要点　临诊表现在脐部出现局限性、半球形、柔软无痛的肿胀，大小似鸡蛋、拳头以至足球大。将仔猪仰卧或以手按压疝囊时，肿胀缩小或消失，并可摸到疝轮（疝孔）。仔猪在饱食或挣扎时，疝部肿胀增大。听诊可听到肠管蠕动音。病猪的精神、食欲不受影响。但经久的病例可发生粘连，当腹内压增大时，脱出的肠管增多，也可发生嵌闭疝，此时，病猪出现全身症状，极度不安，厌食、呕吐，排粪减少，肠臌气或疝囊损伤、破溃化脓。若不及时进行手术治疗，常可引起死亡。

2. 预防和治疗

（1）预防　先天性疝与遗传因素有关，受 1 对隐性基因控制，通过显性公猪对母猪的测交，可发现携带隐性疝基因的公猪或母猪，并予淘汰，这是唯一的预防措施。

脐疝的另一个发生原因，可能与仔猪出生时断脐方法错误有关。若强行拉断脐带，则可引到腹膜和该部位的肌肉破损，为以后脐疝的形成带来隐患，应引起注意。

（2）治疗　手术治疗是一种可靠、常用的方法，但早期进行才能获得良好的效果。

二、霉饲料中毒

在自然环境中，真菌的种类很多，有些真菌在生长繁殖过程中能产生有毒物质。目前已知的真菌毒素有 100 种以上，最常见的有黄曲霉毒素、镰刀菌毒素和赤霉菌毒素等。在猪的饲料中，由于青海地区小麦及玉米种植量少，运输过程中玉米及麸皮极易产生霉变，猪吃了这些含有毒素的饲料后，就会引起中毒。对于发霉饲料中毒的病例，临床上常难以肯定为何种真菌毒素中毒，往往是几种真菌毒素协同作用的结果。

1. 诊断要点

（1）本病常发生于春末、夏季和初秋，由于猪吃了霉饲料后而出现大量病例（图 7-8），通常出现神经症状，如转圈运动、头弯向一侧、头顶墙壁，数日内死亡。病程稍长的出现腹痛、腹泻，迅速消瘦，妊娠母猪引起流产及死胎等一般症状。由于毒素的种类不同，临诊表现还随受毒害猪的年龄、营养状况、个体耐受性、接受毒物的数量和时间不同而有区别。

（2）黄曲霉毒素属于肝脏毒，猪中毒后以肝脏病变为主要特征，同时也破坏血管的通透性，毒害中枢神经系统。病猪主要表现为出血性素质、水肿和神经症状。

（3）赤霉菌毒素中毒主要引起猪的性功能扰乱，由于毒素从尿中排出，还可刺激病猪的阴道、阴户，引起炎性水肿。此外，对中枢神经系统也有兴奋作用，出现神经症状，呕吐及广泛性出血。

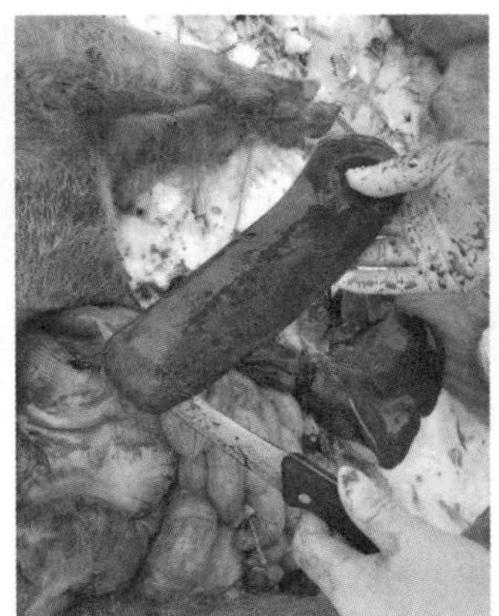

图 7-8　大八二元猪霉菌毒素中毒及剖检

2. 预防和治疗

（1）配合饲料一次不能进货过多，玉米、饼粕类切勿放置阴暗潮湿处，发现霉变的饲料应废弃为宜。一旦发现可疑病例，立即改换新鲜日粮，对病猪加强护理。

（2）无特效解毒药物，通用解毒方法是静脉注射 5%葡萄糖生理盐水

200～500mL，5%碳酸氢钠注射液 100mL，40%乌洛托品注射液 20mL，或内服盐类泻剂硫酸钠 50g 等。镇静剂可选用氯丙嗪（每千克体重 2mg）、安溴合剂（10%溴化钠液 10～20mL，10%安钠咖 2～5mL）静脉注射。

（3）预防本病可在饲料中添加防腐剂，特别在气温较高而又潮湿的春末和夏季，若饲料（主要是玉米）已有轻度霉变，可添加真菌吸附剂。

三、生产瘫痪

母猪产后 3～5d，突然出现四肢运动能力减弱或丧失，是一种严重的急性神经障碍性疾病（图 7-9）。本病的病因目前尚不十分清楚，一般认为是由于日粮中缺乏钙、磷，或钙、磷比例失调，维生素 D 的含量不足，机体的吸收能力下降，母猪产后甲状旁腺功能障碍，失去调节血钙浓度的作用，致使血钙过少，特别是产后大量泌乳，血钙、血糖随乳汁流失等因素导致机体血钙、血糖骤然减少，产后血压降低，因而使大脑皮质发生功能障碍。

图 7-9　八眉猪产后瘫痪

1. 诊断要点

（1）本病常见于分娩后 3～5d 的母猪，表现精神萎靡，食欲下降，粪便干而少，乃至停止排粪、排尿。轻者站立困难，行走时后躯摇摆，重者不能站立，长期卧地，呈昏睡状态；乳汁很少或无乳，病程较长，逐渐消瘦。若不能得到正确治疗，预后不良。

（2）本病具有特征性的流行特点和临床症状，诊断并不困难，但要注意与肌肉和关节风湿性疾病加以鉴别。

2. 预防和治疗

（1）预防　给母猪提供优质全价的配合饲料，注意母猪圈的保暖、干燥，适当增加母猪的运动。

（2）治疗　静脉注射10%葡萄糖酸钙注射液50～100mL，或10%氯化钙注射液20～50mL。肌内注射维生素D_2注射液3mL，隔2d 1次。或维生素D_3注射液5mL，或维丁胶性钙注射液10mL，肌内注射，每日1次，连用3～4d。后躯局部涂擦松节油或其他刺激剂，也可用草把或粗布摩擦病猪的皮肤，以促进血液循环和神经功能的恢复。增垫柔软的褥草，经常翻动病猪，防止发生褥疮。便秘时可用温肥皂水灌肠，内服芒硝30～50g，或液状石蜡50～150mL。

四、子宫内膜炎

子宫内膜炎是子宫黏膜的黏液性或化脓性炎症。原因主要是子宫局部受细菌感染。以大肠杆菌、棒状杆菌、链球菌、葡萄球菌、绿脓杆菌、变形杆菌等最为常见。子宫内膜炎是生产母猪的一种常见病，若不能及时和合理治疗，往往引起母猪发情不正常，或不易受孕，或妊娠后易发生流产。因此，本病是导致母猪繁殖障碍的重要原因之一。

1. 诊断要点

（1）急性子宫内膜炎　多于产后或流产数日后发病，病猪的体温升高，食欲减退或废绝，卧地不愿起立，鼻盘干燥。本病的特有症状是病猪常有排尿动作，不时努责，阴道流出红色污秽而又腥臭的分泌物。常夹有胎衣碎片，附着在尾根及阴门外。进一步可发展为败血症、脓毒症或转为慢性。

（2）慢性子宫内膜炎　往往由急性炎症转变而来，全身症状不明显，食欲、泌乳稍减，卧地时常从阴道中流出灰白色、黄色黏稠的分泌物。站立时不见黏液流出，但在阴户周围可见到分泌物的结痂，病猪还表现消瘦、发情不正常或延迟，或屡配不孕，即使受胎没过多久又发生胚胎死亡或流产。

（3）化脓性子宫内膜炎　病猪的子宫内蓄满脓汁，当子宫颈口不开张时，则脓液不能排出。蓄积于子宫，出现腹围增大，引起自体中毒，甚至死亡。

此外，从阴户中流出黏液或脓性分泌物并不一定就是子宫内膜炎。例如，产后恶露、阴道炎、膀胱炎、肾盂肾炎、配种后的精液、发情期、妊娠等，均可从阴户中流出不同程度的分泌物，要注意与本病相区别。

2. 预防和治疗

（1）预防　注意猪舍的清洁卫生，发生难产时助产应小心谨慎，取完胎儿、胎衣后应用0.02%新洁尔灭等弱消毒液洗涤产道，并注入青霉素、链霉

素等抗菌药物。母猪产后服以益母草等中草药，以增强子宫收缩能力，彻底排尽恶露。

（2）治疗

①出现全身症状时，首先应用抗菌药物进行治疗，如青霉素、链霉素、庆大霉素或其他抗菌药物．同时也可配合使用安乃近或安痛定注射液。

②为加强子宫收缩，促使子宫内炎性分泌物排出，对皮下注射垂体后叶素（20 万～40 万 U)，或者注射雌激素或前列腺素。

③清除滞留在子宫内的炎性分泌物，可用 0.1％过氧化氢溶液或 0.02％新洁尔灭溶液、0.1％雷佛奴耳等溶液冲洗子宫，然后将残存液体吸出，再向子宫内注入金霉素或土霉素等抗菌药物。

五、外伤

1. 诊断要点　猪的皮肤、皮下组织因外界机械原因而发生破损，称为外伤或创伤，是规模化猪场中猪的一种常见病和多发病。新鲜外伤，表现为出血、肿胀、疼痛及创口哆开。随后创口化脓，有的伴发体温升高等全身症状。同时在创伤的部位引起功能障碍，如四肢的肌腱或运动神经受伤后，可引起跛行等。根据发生的原因，外伤可分为以下几种：

（1）咬伤　见于猪群并圈、运输时，互相殴斗、撕咬而造成外伤（图 7-10)。

图 7-10　八眉猪及二元猪撕咬外伤

（2）刺伤　往往发生在笼舍定位关养的母猪和高床网养的仔猪，由于铁器破损或焊接粗糙而被刺伤。

（3）挫伤　猪群拥挤、追捕或患有严重体外寄生虫时，猪与墙壁、门栏摩擦或挤压而发生挫伤。

（4）切伤　发生于仔猪因断尾、打耳号、去势及各种外科手术而造成的损伤。

（5）褥疮　病猪长期卧于一侧，由局部创伤发展成坏死性溃疡，因血流不畅、营养不良，使创伤长期不能痊愈，多见于肩胛部和髂部。

2. 预防和治疗　如有血块或粪便等异物污染，应用0.2%高锰酸钾溶液冲洗，擦干，剪去创口周围的被毛，修整创缘，撒上磺胺结晶粉或青霉素粉，然后缝合，外涂碘酊。对出血不止者，则要止血。如果创伤组织坏死或深层组织有异物时，须进行扩创切除术。手术前局部用0.5%普鲁卡因液浸润麻醉，扩创后止血，除去坏死组织或异物，冲洗，撒布青霉素粉，并根据伤口大小、深浅进行缝合或施行开放疗法。伤口大的在创口下方少缝1～2针，放入浸有0.2%的雷佛奴耳液的纱布条引流。对创伤较大、较深的，应给猪注射破伤风抗毒素。

六、猪的四肢病

猪的四肢任何部位发生疾病，在临诊上都可表现为跛行，虽然跛行不是一种致死性的疾病，但严重跛行可丧失公、母猪的种用价值，影响仔猪的生长发育，延长肉猪的饲养期限。

1. 诊断要点

（1）传染性关节炎　主要病原有链球菌、丹毒杆菌、巴氏杆菌、支原体、嗜血杆菌等。大多取慢性经过，也有少数从急性病例转变而来。临诊检查患病的关节肿大，常见于跗关节和膝关节。由于关节内有大量纤维素析出而使关节变僵硬。

（2）外伤性跛行　多发生在捕捉、追赶、运输或配种之后，由于强烈的外力作用而使关节顿挫、剧伸或扭转。病猪表现剧烈疼痛，喜卧、不愿起立和行走。驱赶其运动时，病猪三肢跳跃或拖曳患肢前进。触诊受伤关节，可发现有肿胀、增温和压痛感。

（3）营养性跛行　主要是由于饲料中的钙、磷不足或比例失调，也可能因个体吸收功能降低。本病多发生于保育猪、妊娠后期母猪或生长迅速的肥育猪。表现关节或四肢骨骼弯曲。运动出现不同程度的跛行（图7-11）。

（4）风湿性跛行　由于猪舍阴暗、潮湿、闷热、寒冷、猪运动不足及饲料的突然改变等，致使猪的四肢关节及其周围的肌肉组织发生炎症、萎缩。本病

图 7-11　八眉猪营养性跛行（右一猪）

往往突然发生，先从后肢开始，逐渐扩大到腰部乃至全身。患部肌肉疼痛，行走时发生跛行，或出现弓腰和步幅拘紧（迈小步）等症状。病猪多喜卧，驱赶时勉强走动，但跛行可随运动时间的延长而逐渐减轻，局部的疼痛也逐渐缓解。

2. 预防和治疗

（1）预防　针对上述几类四肢病的病因，在平时就要加强管理，细心检查，采取相应预防措施，防患于未然。

（2）治疗　首先应除去病因，然后对症治疗。对于传染性关节炎，一般使用抗菌药物治疗。对于营养性跛行，应改进饲料配方，提供合理的钙、磷等营养物质。对于外伤造成的关节扭伤，患部可涂擦5%碘酊、松节油或四三一合剂等。疼痛剧烈时，肌内注射安乃近、盐酸普鲁卡因，做患肢的环状封闭等。对于风湿性跛行，可静脉注射复方水杨酸钠注射液，肌内注射醋酸可的松等。

第八章 养殖场建设与环境控制

目前，我国养猪业随着猪场的饲养规模越来越大，生产技术不断更新，已经逐步向集约化养猪时代迈进。八眉猪的饲养技术不断发展，在环境控制、经营管理、猪场设计以及养殖场建设等各个领域广泛应用，并倡导绿色无公害环保八眉猪养殖，养猪场的选址、猪场建筑、猪场设施设备及猪场环境卫生方面都是集约化绿色养殖十分重要的部分。目前八眉猪的群体规模还比较小，猪场虽然包括了基本的功能区域（图 8-1），但是与大型规模化猪场相比还是比较落后。

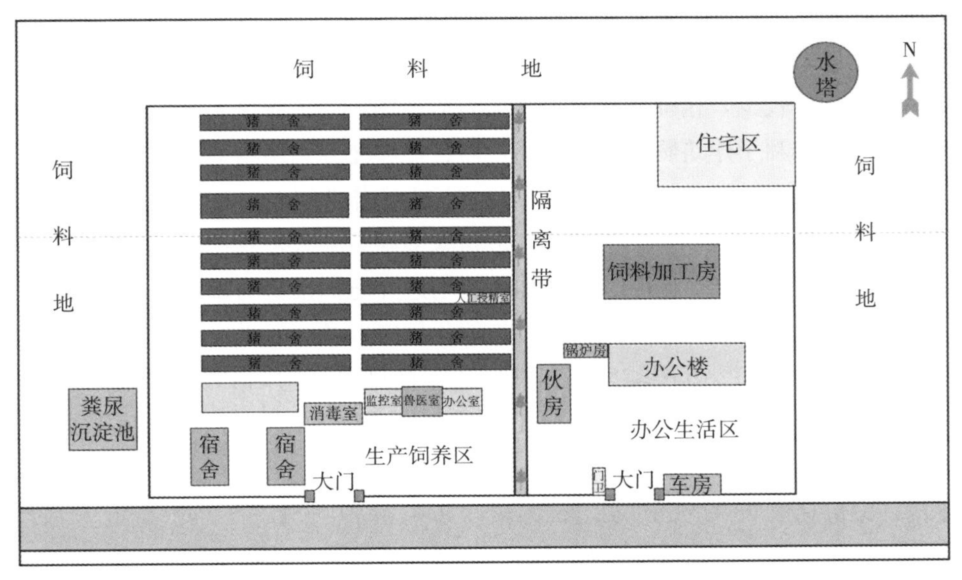

图 8-1　青海省互助县八眉猪原种场育繁场示意

第一节　养猪场的选址与建设

猪场建设的关键就是进行正确的选址并合理规划布局，进行全面调查、综合分析，选择合适的场址及合理的建设，不仅能够方便管理也可严格执行防疫制度。

一、场址选择

在建设八眉猪养猪场之前，必须对场址进行必要的选择，主要是因为场址的好坏直接关系到投入生产后的场区气候状况、经营管理以及环境的保护情况。场址的选择主要应该从地形地势、土壤、水源、交通、电力、物资供应以及周边环境的配置关系等自然条件和社会条件进行综合考虑，最终确定养猪场的位置。

（一）地形地势

地形指的是地表各种各样的形态，具体指地表以上分布的固定性物体共同呈现出的高低起伏的各种状态。建设八眉猪猪场所要求的地形应该开阔整齐，并具有足够的面积。地形开阔主要是指场地上原有的房屋、树木、河流、沟坎等固定性物体较少，这样能够减少施工前清理场地的工作量或填挖土地量。地形整齐不但有利于建筑物的合理布局，而且能够充分利用场地。也要避免过于狭长或边角太多的场地，狭长的地形会拉长生产作业以及各种管道线路，不利于场区的规划、布局以及生产联系；边角太多则会导致建筑物布局零乱，使场地的利用率大大降低，同时也会增加养猪场边界防护设施的投资。场地的面积应根据养殖的规模、饲养管理方式、集约化程度以及饲料供应情况等因素来确定，也要把生产区、生产辅助区、管理与生活区以及道路和绿化等都考虑进去。要确保给猪场留有足够的面积，这样才给猪场留有一定的发展空间，确定场地面积时应遵守节约用地的原则，尽量不占或少占农田。一个八眉猪猪场，要按妊娠母猪 $2.0\sim2.5m^2$/头、商品猪 $0.8\sim1m^2$/头计算。

地势指的是地面高低起伏的形势。猪场场地地势应该高燥平坦。地势高燥有利于保持地面的干燥。如果地势低洼则容易形成积水，从而导致潮湿泥泞，这将会导致蚊蝇与微生物的滋生，从而降低畜舍的使用寿命。因此，养猪场应该选择在较为高燥的场地。一般要求养猪场场地至少应高于当地历史洪水线，地下水位应在 2m 以下。地势平坦也能够减少建场时的施工土地量，并且降低基础建设的投资。场地应当稍有坡度，这样有利于场地排水。在坡地建场时应该选择在向阳坡，因为我国冬季盛行北风或西北风，夏季盛行南风或东南风，所以选择向阳坡在夏季时迎风利于防暑，冬季时背风能够减弱冬季风雪的侵袭，对猪场的小气候有利。

（二）土壤

透气性与透水性不良、吸湿性大的土壤受到粪尿等有机物的污染后，往往会在厌氧条件下进行分解，产生氨气、硫化氢等有害气体，使场区的空气受到污染。另外，土壤中的大部分污染物还容易通过土壤孔隙或者毛细管被带入浅层地下水中，或被降水冲刷到地面的水源中，从而造成水污染。潮湿的土壤是微生物得以生存的条件，也是病原微生物、寄生虫卵以及蝇蛆等存活和生长的良好场所。吸湿性强、含水量大的土壤，由于其抗压性低，容易使建筑物等使用寿命缩短，同时也会降低畜舍的保温隔热性能。另外，土壤的化学成分可以通过水和植物进入畜体，当土壤中某些矿物元素缺乏或过量时，会导致家畜发生某些矿物元素的地方性缺乏症或中毒症。

适合建立养八眉猪猪场的土壤应该具备透气透水性强、毛细管作用弱、吸湿性和导热性小、质地均匀、抗压性强等条件。

土壤中的沙壤土由于沙粒与黏土的比例比较适宜，兼具沙土与黏土的优点，既克服了沙土导热性强、热容量小的缺点，又弥补了黏土透气透水性差、吸湿性强的不足。沙壤土的抗压性较好、膨胀性小，适合做猪舍的基地。尽管沙壤土是建立猪舍较为理想的土壤，但在一定的地区内，受到客观条件的限制，选择最理想的土壤是比较困难的，这就需要在猪舍的设计、施工、使用以及其他的日常管理上设法弥补当地土壤的缺陷。

（三）水源

建立一个猪场的时候，必须要有可靠的水源。猪场的水源要求水量充足、水质良好、便于取用以及卫生防疫。场区的水源水量必须能够满足场内的人畜饮水以及其他生产生活用水，并应考虑消防、灌溉和未来发展的需要。作为猪场人、畜的饮用水必须符合饮用水水质卫生标准。如果水源不符合饮用社会卫生标准，则需要经过净化和消毒处理后再进行使用。有些水源可能含有某些矿物性毒物，还需要进行特殊处理，达到标准后方可使用。

处理后的饲养用水水质应符合《无公害食品畜禽饮用水水质》（NY5027—2001）要求，人饮用水水质必须满足《生活饮用水卫生标准》（GB5749—2006）要求。空怀和妊娠母猪的耗水量大约为 25L（饮用水量约为 18L），带仔猪的哺乳母猪耗水量约为 40L（饮用水量约 22L），保育猪的耗水量约为 6L（饮用水量约 2L），育成猪的耗水量约为 8L（饮用水量约 4L），肥育猪的耗水量约为 10L（饮用水量约 7L），后备猪的耗水量约为 15L（饮用水量约 8L），种公猪的耗水量约为 40L（饮用水量约 22L）。

（四）社会联系

社会联系指的是养猪场与周围社会的关系，比如与居民区的关系，交通运输和供应条件等。养猪场场址选择时必须遵守社会公共卫生准则，不能使猪场成为周围社会环境的污染源，同时也要注意不能受到周围环境的污染。所以，猪场应选在文化、商业区及居民点的下风处。猪场场址不能选在位于化工厂、屠宰场、皮革厂等易造成环境污染企业的下风处或其附近。除此之外，猪场与居民点及其他畜牧场应保持适当的卫生间距：与居民点之间的距离，一般规模猪场应不少于 300～500m，大型猪场（万头猪场）应不少于 1 000m；与其他畜牧场之间的距离，一般牧场应不少于 150～300m，大型牧场（万头猪场、十万只以上的鸡场、千头奶牛场等）之间应不少于 1 000～1 500m。虽然猪场饲料与产品的出入要求交通方便，但交通干线又往往是疫病传播的途径。因此，在选择场址的时候，既要考虑交通的便利情况，也要使猪场与交通干线保持适当的卫生间距。一般来说，距一、二级公路和铁路应不少于 300～500m，距三级公路（省内公路）应不少于 150～200m，距四级公路（县级、地方公路）不少于 50～100m。为了防止相互污染，要距离医院（包括动物诊所）、厂矿、屠宰厂、动物产品加工厂和尸体处理厂、病原微生物研究生产单位、垃圾和污水处理厂、危险品仓库和风景区 2 000m 以外（如有围墙、河流、林带等屏障，距离可适当缩短距离）。还要注意避开 10kV 的高压电路。另外，距离国家主干光缆和天然气管道应在 20～50m 以外。

选择场址还应该考虑电力供应条件、饲料供应条件以及废弃物的就地处理与利用，特别是集约化程度较高的大型猪场，必须具备可靠的电力供应。为了保证生产的正常进行，减少供电投资，应尽量靠近原有输电线路，缩短新线架设距离。同时也要注意了解场址周边的小气候气象资料，如气温、风力、风向及灾害性天气的情况。拟建场地区常年的气象变化，包括平均气温、绝对最高与最低气温、土壤冻结深度、降水量、最大风力、常年主导风向、风频率和日照情况等，要做到有效避免小气候对猪场建设、生产经营的影响。

二、猪场的建设

（一）消毒池建设

大门、生产区入口及猪舍门前设消毒池。大门消毒池的宽度要方便车辆进出，长度要长于可能通过机动车最大车轮周长的 1 周半以上。消毒池内长期存放 3%～4%的烧碱水消毒：冬季可在消毒池内撒生石灰或漂白粉消毒。每周至少更换 1～2 次。

（二）生产、生活区建设

生产、生活区一定要分开，便于猪场防疫及管理。生产区应建在主风向的下风口，使生活区不受影响。生产区各幢畜舍之间最好要有走廊连接，便于猪场猪群周转，同时生产人员可以同外界隔开，达到全封闭生产。

（三）地面建设

场内的道路应该尽可能短而直，可缩短运输路线，主干道路需要与场外运输线路相连接，其宽度（5.5～6.5m）应该能保证顺利错车。支干道与畜舍、饲料库等相连接，宽度一般为 2～3.5m。生产区的道路应区分为运送产品、饲料的净道，转群、运送粪尿污物、病猪死猪的污道。从卫生防疫的角度考虑，净道与污道不能交叉和混用，路面要坚实，并修成中间高两边低的弧度，方便排水。道路两侧还应设置排水明沟，并种植绿化带。

供水方式主要采用集中式供水，它是利用供水管将清洁的水由统一的水源送往各个畜舍，在进行场区规划的时候，必须同时考虑供水线路的合理配置。供水线路应该短而直，尽量沿道路铺设在地下通向各舍。布置管道线路是应避开露天堆场和拟建地段。管道的埋置深度与当地的气候有关，非冰冻地区的金属管道埋置深度一般不小于 0.7m，非金属管道的埋置深度不小于 1.0～

1.2m；冰冻地区的管道应埋在最大冻土层以下。

（四）运动场建设

保证猪每日定时到舍外活动能够促进猪只机体的各种生理功能，增强体质，提高抗病力。运动场应该设置在向阳背风的地方，一般是利用畜舍间距，建在畜舍之间，也可以在畜舍两侧分别设置。若会受到地形的限制，可将运动场建在距离畜舍不太远的开阔场地。为了防止夏季暴晒，在运动场内设置遮阳棚或者种植树木进行遮阳。但现代集约化饲养的肥育猪由于饲养期短以及饲喂方式的限制，一般不强调运动，可不设运动场。

目前，八眉猪主要采用圈养，活动空间比较大，有些八眉猪场没有建设运动场也是合理的。

第二节　猪场建筑的基本原则

八眉猪猪场场址选择完成后，要根据猪的生物学习性，以及有利防疫、改善场内小气候、有利于舍内环境调控、方便饲养管理、节约用地等原则，考虑气候、风向、场地等地形地势、猪场各种建筑物和设施的大小及功能关系，因地制宜，规划全场的道路、排水系统、厂区绿化等，安排各功能区的位置及每种建筑物和设施的位置和朝向。

一、总体规划

猪舍总体规划的步骤应为：先根据生产工艺确定各类猪栏数量，然后计算各类猪舍栋数，最后完成各类猪舍的布局安排。猪舍朝向一般为南北向方位、南北向偏东或偏西不超过30°，保持猪舍纵向轴线与当地常年主导风向呈30°～60°。猪舍内部的布置及设备最好多考察几个猪场，有利于取长补短、综合分析。比较后，再做出详细的设计要求。

猪场的总体规划应当遵守“四利”原则，即利于防疫、利于生产、利于运输以及利于生活管理。建场时要优先考虑种猪，将种猪置于全场的最佳位置，处于主风向的最上风处，从上至下的排布顺序依次为：种公猪和种母猪、产房、保育猪、后备猪、商品猪（种猪优先原则）。猪舍排列顺序依次为配种猪舍、妊娠猪舍、分娩哺乳猪舍（产房）、培育猪舍、育成猪舍和肥育猪舍，便于后期妊娠母猪及断奶仔猪的转移（产房中间设置原则）。生产区、生产辅助区、管理与生活区应分别设置，相互隔离，3个区域的隔离带宽度应当不小于50m（功能区分区设置原则）。生产区建筑物之间应保留建筑物高度3～5倍的隔离带。污水污物处理设施、医疗室、隔离观察室要严格按照环保和兽医卫生要求确定位置，并做到同步设计，同步施工，同步使用（环保和兽医卫生设施“三同步”原则）。饲料加工、水井水塔等附属设施应当让位于主体建设，从属于生产管理（附属设施位置的从属性原则）。在猪场基础设施与附属设施建设的同时，也需要考虑建筑物设计的一致性和对称性，并在符合建筑力学与动物防疫要求的前提下尽可能做到美观，即通过猪场的建筑造型、粉刷等方式来美化猪场（对称布局和追求美观原则）。

二、区域划分

生产区主要以猪为主，包括各种猪舍、装卸猪斜台、消毒室（更衣、洗澡、消毒用）、消毒池、药房、兽医室、病猪死猪处理室、出猪台、维修间及仓库、值班室、隔离舍、粪便处理区等。生产辅助区包括饲料厂及仓库、水塔、水井房、锅炉房、变电所、车库、屠宰加工厂、修配厂等。管理与生活区主要以人为主，包括办公室、接待室、财务室、食堂、职工宿舍、娱乐场所等。还有道路、管道、绿化等其他区域（图8-2）。

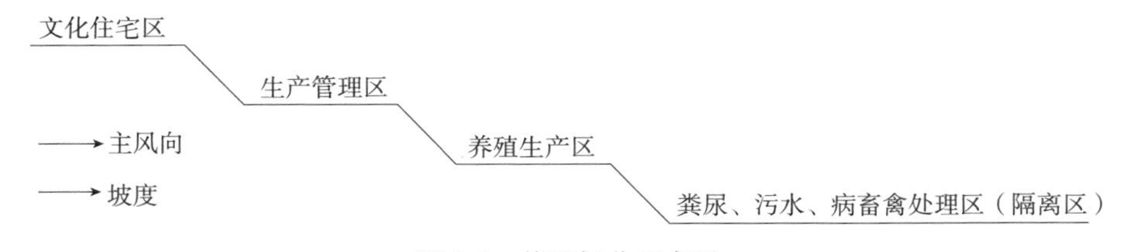

图8-2　养殖场分区布局

猪场中各区之间及区内道路的设计，要考虑场内各建筑间以及猪场与场外的联系、管理和生产需要、卫生防疫要求等。生产区内的道路要重点设计净道和污道，净道供管理和运料使用，污道供猪转群或出场、粪污运送等使用，净道和污道不应混用和交叉，路面要硬，便于排水。给水管道宜沿净道铺设，然后向两侧猪舍分出支管线，在猪舍之间应设置适当数量的消防栓。猪场的污水和地面雨水不得混排，污水要设地下排污系统，地面雨水可在道路一侧或两侧设排水明沟，有条件可加盖板。如果场地有坡度，可利用坡度自然排水。在绿化区种树绿化是改善场区和猪舍小气候的有效措施。一般绿化可设防风林、隔离林、行道绿化、遮阳绿化、美化绿化等。防风林一般设在冬季主风向的上游区，可以选择高矮树种、落叶和常绿树种、灌木和乔木搭配种植。林带宽5～8m，种树3～5行。隔离林设在各个功能区之间，绿化方法与防风林基本相同，但株距可密一些。行道绿化包括排水沟绿化，可在行道和排水沟旁种植灌木绿篱，还可搭配高大乔木。遮阳绿化包括猪舍和道路，主要在猪舍南侧种植树干高、树冠大而密的落叶乔木，为屋顶和窗户遮阳。也可搭架进行水平绿化，在立杆周围播种一年生藤蔓植物。

三、场地规划

一定规模的猪场通常包含四个功能区，即生活区、管理区、生产区和病畜隔离区。在进行场地规划时，应充分考虑未来的发展，在规划时留有余地，对生产区的规划更应该注意。各区的位置要从人畜卫生防疫和工作方便的角度考虑，根据场地地势从高到低和当地全年主风向，分别为住宅区、管理区、生产区、隔离区。生产区按夏季主导风向布置在生活管理区的下风向或侧风向处，污水粪便处理设施和病死猪焚烧炉按夏季主导风向设在生产区的下风向或侧风向处。生产区四周应设围墙，大门出入口设值班室、人员更衣消毒室、车辆消毒通道与装卸猪斜台。为便于防疫，并符合猪喜清洁、小猪怕冷大猪怕热的生物学习性，应根据全年主风向与地势以及气候变化规律，顺序安排四个功能区，即生活区、生产管理区、生产区和隔离区。

猪场布局生活区、生产区分开，生产区分母猪舍、产仔舍、保育舍和肥育舍，根据各猪场条件不同，各舍间距尽量大一些，最好设有隔离舍、排污池、粪便堆积厂，如果再有条件可分点或分区饲养，间距100～500m。只有设计合理的猪场布局，将来猪场生产性能才能达到理想标准。

（一）生产区

生产区按多点隔离生产系统原理分为繁殖区、保育区、肥育区三个大区，区与区之间设隔离带，繁殖区设在人流较少和猪场的上风向。依次按种公猪舍、待配舍、妊娠舍、分娩舍、保育区、肥育区、销售舍排列布局。在设计时，使猪舍方向与当地夏季主导风向成30°～60°，使每排猪舍在夏季得到最佳的通风条件。总之，应根据当地的自然条件，充分利用有利因素，从而在布局上做到对生产最为有利。在生产区的入口处，设专门的消毒间或消毒池，以便进入生产区的人员和车辆进行严格的消毒。生产区要严格控制防疫，禁止外来车辆进入生产区，也禁止生产区车辆随意外出。

（二）生产管理区

生产管理区包括猪场生产管理必需的附属建筑物，包括行政和技术办公室、接待室、饲料加工调配车间、饲料仓库、修理车间、变电所、锅炉房、水泵房、车库及消毒室等。它们和日常的饲养工作有密切的关系，所以这个区与生产区毗邻。饲料厂应该靠近进场道路，并在外墙上设卸料窗，场外运料车不能进入生产区；消毒、更衣、洗澡间应设在场大门两旁，进生产区人员一律经消毒、洗澡、更衣后方可入内。

（三）生活区

生活区包括门卫室、办公楼、文化娱乐室、职工宿舍、食堂、广场等，应与猪场生产区隔开，设在猪场大门外。为了保证良好的卫生条件，避免生产区臭气、尘埃和污水的污染，生活区要位于生产区的上风向，或与风向平行的一侧。此外，猪场周围建围墙，设防疫沟，以防兽害和避免闲杂人员进入场区。

（四）隔离区

包括兽医室和隔离猪舍、尸体剖检和处理设施、粪污处理及储存设备等。

兽医室设在生产区内，只对区内开门，为便于病猪处理，设在下风方向；隔离猪舍远离生产区，设在下风向、地势较低的地方，以免影响生产猪群；干粪实行堆积发酵法，猪场要建立贮粪房，每天清扫的猪粪放入粪房内，经过一段时间堆积发酵后作农田肥料，经其干燥后再加工利用。建立多级污水净化池和生物处理，对尿液和污水，经过处理后排放，水质明显好转，并消除了恶臭气味，可基本解除水对环境的污染。

（五）绿化和道路建设

绿化不仅美化环境，净化空气，也可以防暑、防寒，改善猪场的小气候，同时还可以减弱噪声，促进安全生产，从而提高经济效益。因此，在进行猪场总体布局时，一定要考虑和安排好绿化。在猪场主要道路两侧种植速生林，畜舍周围前后种植花草树木，如瓜果、葡萄和其他藤本植物，对优化猪场本身的生态和环境保护、改善，起着十分重要的作用。有害气体经过绿化植物可有25％被阻留净化；有些植物的花和叶还能分泌一种芳香物质，可将猪场废弃物释放的细菌和真菌杀死。

道路对生产活动正常进行，对卫生防疫及提高工作效率起着重要的作用。场内道路应净、污分道，互不交叉，出入口分开。净道的功能是人行和饲料、产品的运输，污道为运输粪便、病猪和废弃设备的专用道。

（六）排水

场内要做到雨、污分流，各行其道。雨水明沟排放；舍与舍的污水不能串连，采用暗管统一流入污水处理系统，然后通过生物、生化或生态手段，净化污水，达标后再排放。

四、建筑物布局

猪场建筑物布局直接关系到猪场的生产效率、场区小气候状况和卫生防疫水平。因此，在选定猪场场址后，就应根据猪场的近期和远期目标，结合场内的地形、地势、主风向等自然条件，科学规划、合理布局猪场内各功能区建筑物的位置和朝向、道路、排水系统、场区绿化等。场内各种建筑物的安排，要本着节约土地的原则，不仅能使建筑物布局整齐、紧凑，而且能缩短供应距离，以利于生产周转及饲养者开展日常饲养管理、疫病防控等方面的工作。

生活区和生产管理区与场外联系密切，因为猪场的发展与猪群的健康密切相关，所以为了保障猪群防疫，宜设置在猪场大门附近，门口分设行人和车辆消毒池，两侧设值班室和更衣室。生产区各猪舍的位置需要考虑配种、转群等联系方便，并注意卫生防疫，种猪、仔猪应置于上风向和地势高处。妊娠猪舍、分娩猪舍应放在较好的位置，分娩猪舍要靠近妊娠猪舍，又要接近仔猪培育舍，育成猪舍靠近肥育猪舍，肥育猪舍设在下风向。商品猪置于离猪门或围墙近处，围墙内侧设装猪台，运输车辆停在围墙外装车。病猪和粪污处理应置于场区下风向和地势最低处，距离生产区宜保持至少50m的距离。

猪舍的朝向关系到猪舍的通风、采光和排污效果，根据当地主导风向和日照情况确定。一般要求猪舍在夏季少接受太阳辐射、舍内通风量大而均匀，冬季应多接受太阳辐射，冷风渗透少。八眉猪生活地区比较寒冷，应根据当地冬季主导风向确定朝向，减少冷风渗透量，增加热辐射，一般以冬或夏季主风与猪舍长轴有30°～60°夹角为宜，避免主风方向与猪舍长轴垂直或平行，以利于冬季保温，猪舍一般以南向或南偏东、南偏西45°为宜。

各建筑物排列整齐、合理，既要利于道路、给排水管道、绿化、电线等的布置，又要便于生产和管理工作。猪舍之间的距离以能满足光照、通风、卫生防疫和防火的要求为原则。距离过大则猪场占地过多，间距过小则南排猪舍会影响北排猪舍的光照，同时也影响其通风效果，也不利于防疫、防火。综合考虑光照、通风、卫生防疫、防火及节约用地等要求，猪舍间距一般以3～5 H（H为南排猪舍檐高）为宜。

第三节　猪场设施设备

猪场的设备主要包括各种限位饲养栏，漏缝地板，供水系统，饲料加工、贮存、运送及饲养设备，供暖通风设备，粪便处理设备，卫生防疫、检测器具和运输工具等。

一、猪栏

1. 公猪栏和配种栏　猪舍的公猪栏和配种栏的构造有实体、栏栅式和综合式三种。在大中型工厂化养猪场中，应设有专门的配种栏。

典型的配种栏的结构形式有两种。一种是结构和尺寸与公猪栏相同，配种时将公、母猪驱赶到配种栏中进行配种。另一种是由4头空怀待配母猪与1头公猪组成一个配种单元，4头母猪分别饲养在4个单体栏中，公猪饲养在母猪后面的栏中。公猪栏一般每栏面积为7～9m^2或者面积更大些。栏高一般为1.2～1.4m。

2. 母猪栏　有大栏分组群饲、小栏个体饲养和大小栏相结合群养三种方式，其中小栏单体限位饲养，占地面积少，便于观察母猪发情和及时配种，母猪不争食、不打架，避免互相干扰，减少机械性流产。

3. 分娩栏　分娩栏的中间为母猪限位架，是母猪分娩和仔猪哺乳的地方，两侧是仔猪采食、饮水、取暖和活动的地方。分娩栏尺寸与猪场选用的母猪品种体型有关，一般长2.2～2.3m、宽1.7～2.0m，母猪限位栏宽0.6～0.65m，多采用0.6m，高1m。母猪限位栅栏，离地高度为30cm，并每隔30cm焊一孤脚。

4. 仔猪保育栏　由金属编织漏缝地板网、围栏、自动食槽、连接卡、支腿等组成，金属编织网通过支架设在粪尿沟上（或实体水泥地面上），围栏由连接卡固定在金属漏缝地板网上，相邻两栏在间隔处设有一个双面自动食槽，供两栏仔猪自由采食，每栏安装一个自动饮水器。网上饲养仔猪，粪尿随时通过漏缝地板落入粪沟中，保持网床上干燥、清洁，使仔猪避免粪便污染，减少疾病发生，大大提高仔猪的成活率。

图 8-3　仔猪保育栏

仔猪保育栏的长、宽、高尺寸，视猪舍结构不同而定，一般采用半漏缝地板（图 8-3）。常用的有栏长 2m，栏宽 1.7m，栏高 0.6m，侧栏间隙 6cm，离地面高度为 25～30cm，可养 10～25kg 的仔猪 10～12 头，实用效果很好。

5. 生长猪栏与肥育猪栏　常用的有以下两种：一种是采用全金属栅栏和全水泥漏缝地板条，相邻两栏在间隔栏处设有一个双面自动饲槽，供两栏内的生长猪或肥育猪自由采食，每栏安装一个自动饮水器供自由饮水。另一种是采用水泥隔墙及金属大栏门，地面为水泥地面，后部有 0.8～1.0m 宽的水泥漏缝地板，下面为粪尿沟。

二、漏缝地板

漏缝地板（图 8-4）有钢筋混凝土板条、板块、钢筋编织网、钢筋焊接网、塑料板块、陶瓷板块等。适应各种日龄猪的行走站立，不卡猪蹄。

钢筋混凝土板块、板条，其规格可根据猪栏及粪沟设计要求而定，漏缝断面呈梯形，上宽下窄，便于漏粪；金属编织地板网，由直径为 5mm 的冷拔圆钢编织成 10mm×40mm、10mm×50mm 的缝隙网片与角钢、扁钢焊合，再经防腐处理而成。塑料漏缝地板，由工程塑料模压而成，可将小块连接组合成大面积，具有易冲洗消毒、保温好、防腐蚀、防滑、坚固耐用、漏粪效果好等特点，适用于分娩母猪栏和保育仔猪栏。

图 8-4 漏缝地板

三、饲喂设备

1. 饲料运输车　饲料车可分为机械式和气流输送式两种。通过搅龙或气流将饲料输送进 15m 以内的贮料仓中。

2. 贮料仓（塔）　仓体由进料口、上锥体、柱体和下锥体构成，进料口多位于顶端，也有在锥体侧面开口的，贮料仓的直径约 2m，高度多在 7m 以下，容量有 2、4、5、6、8、10t 等多种。贮料仓要密封，避免漏进雨、雪水，并设有出气孔。一个完善的贮料仓，还应装有料位指示器。

3. 饲料输送机　把饲料由贮料仓直接分送到食槽、定量料箱或撒落到猪床面上的设备。

4. 加料车　加料车广泛应用于将饲料由饲料仓出口装送至食槽。

5. 食槽　对于限量饲喂的公猪、母猪、分娩母猪一般都采用钢板食槽或混凝土地面食槽；对于自由采食的保育仔猪、生长猪、肥育猪多采用钢板自动落料饲槽。

四、饮水设备

猪用自动饮水器的种类很多，有鸭嘴式、乳头式、杯式等，应用最为普遍的是鸭嘴式自动饮水器。

1. 鸭嘴式自动饮水器　鸭嘴式猪用自动饮水器主要由阀体、阀芯、密封圈、回位弹簧、塞盖、滤网等组成。

饮水器要安装在远离猪只休息区的排粪区内。定期检查饮水器的工作状态，清除泥垢，调节和紧固螺钉，发现故障及时更换零件。

2. 乳头式自动饮水器　乳头式猪用自动饮水器的最大特点是结构简单，

由壳体、顶杆和钢球三大件构成。

安装乳头式饮水器时，一般应使其与地面呈 45°～75°倾角，离地高度，仔猪为 25～30cm，生长猪（3～6 月龄）为 50～60cm，成年猪 75～85cm。

3. 杯式自动饮水器　是一种以盛水容器（水杯）为主体的单体式自动饮水器，常见的有浮子式、弹簧阀门式和水压阀杆式等类型。

五、采暖设备

八眉猪主要产区在西北地区，因此猪舍的保暖对于八眉猪的生长显得尤为重要。猪舍的供暖，分集中供暖和局部供暖两种方法。集中供暖是由一个集中供热设备，如锅炉、燃烧器、电热器等，通过煤、油、煤气、电能等加热水或空气，再通过管道将热介质输送到猪舍内的散热器，放热使猪舍保持适宜的温度。局部供暖有地板和电热灯加热等。

猪场供热保温设备大多是针对小猪的，主要用于分娩舍和保育舍。

猪舍集中供暖主要利用热水、蒸汽、热空气及电能等形式，多采用热水供暖系统。该系统包括热水锅炉、供水管路、散热器、回水管路及水泵等设备。猪舍局部供暖最常用电热地板、热水加热地板、电热灯等设备。

六、清洁与消毒设备

环境清洁消毒设备：①地面冲洗喷雾消毒机，如 94×P220 冲洗喷雾消毒机；②火焰消毒器。

第四节　场舍环境控制

猪舍处于一个半封闭的状态，要为猪提供适宜的舍内小气候，根据具体情况采用供暖、降温、光照、空气处理等设施设备，为猪创造一个符合其生理要求和行为习性的适宜环境。

一、温度对猪的影响

空气温度是影响猪只健康和生产力的重要因素。猪是恒温动物，在一定的热环境下通过自身的体热调节机能保持体温的恒定。各种猪的空气适宜温度参见表 8-1。

表 8-1　猪舍内空气温度和相对湿度

猪舍类别	空气温度（℃）			相对湿度（%）		
	舒适范围	高临界	低临界	舒适范围	高临界	低临界
种公猪舍	15～20	25	13	60～70	85	50
空怀妊娠母猪舍	15～20	27	13	60～70	85	50
哺乳母猪舍	18～22	27	16	60～70	80	50
哺乳仔猪保温箱	28～32	35	27	60～70	80	50
保育猪舍	20～25	28	16	60～70	80	50
生长肥育猪舍	15～23	27	13	65～75	85	50

注：①表中哺乳仔猪保温箱的温度是仔猪 1 周龄以内的临界范围，2～4 周龄时的下限温度可降至 24～26℃。表中其他数值均值为猪床上 0.7m 处的温度和湿度。②表中的高、低温度临界值指生产临界范围，过高或过低都会影响猪的生产性能和健康状况。生长肥育猪舍的温度，在月平均气温高于 28℃时，允许将上限提高 1～3℃，月平均气温低于－5℃时，允许将下限降低 1～5℃。③在密闭有采暖设备的猪舍，其适宜的相对湿度比上述数值要低 5%～8%。

二、湿度对猪的影响

空气湿度通常是与气温、气流等环境因素综合对猪产生影响，通常是通过影响集体体热调节而影响猪的健康和生产力。各种猪的空气适宜湿度参见表 8-1。

三、光照对猪的影响

光照对猪的生长发育、健康和生产力有一定影响。在猪舍中，适宜的光照无论是对猪只生理机能调节，还是对工作人员进行生产操作均很重要。

开放式或有窗式猪舍的光照主要来自太阳光，也有部分来自荧光或白炽灯等人工照明光源。无窗式猪舍的光照则全部来自人工光源。太阳光中可见光约占 50%，其余 50%中大部分为红外线，少量为紫外线。人工光源的光谱中红外线占 60%～90%，可见光占 10%～40%，无紫外线。

适度的光照对猪只的健康生长有益，可使辐射能变为热能，使皮肤温暖，毛细管扩张，加速血液循环，促进皮肤的代谢过程，改善皮肤的营养。紫外线能使皮肤中的 7-脱氧胆固醇转变成维生素 D_3，促进钙、磷的代谢，增强机体组织的代谢过程和抗病能力，但过度的太阳光照可破坏组织细胞，使皮肤损伤，影响机体热调节，使体温升高，患日射病，对眼睛有伤害作用。各种猪舍采光要求见表 8-2。

表 8-2 猪舍采光要求

猪舍类别	自然光照		人工照明	
	窗地比	辅助照明（lx）	光照度（lx）	光照时间（h）
种公猪舍	1∶12～1∶10	50～70	50～100	10～12
空怀妊娠母猪舍	1∶15～1∶12	50～70	50～100	10～12
哺乳母猪舍	1∶12～1∶10	50～70	50～100	10～12
保育猪舍	1∶10	50～70	50～100	10～12
生长肥育猪舍	1∶15～1∶12	50～70	30～50	8～12

注：①窗地比是指猪舍门窗等透光构件的有效透光面积与舍内地面面积之比。②辅助照明是指自然光照猪舍设置人工照明以备夜晚工作照明用。

四、噪声对猪的影响

噪声是指能引起猪不愉快和不安感觉或引起有害作用的声音。噪声的强弱一般以声压级来表示，单位为分贝（dB）。随着现代养猪生产规模的日益扩大和生产机械化程度的提高，噪声的危害程度也更严重。

猪舍的噪声有多种来源，一是外界传入，如外界工厂传来的噪声、飞机车辆产生的噪声等；二是舍内机械产生的，如风机、清粪机械等；三是人工操作和猪自身产生的，如人清扫圈舍、加料、添水等，猪的采食、饮水、走动、哼叫等产生。

猪舍噪声不能超过 85dB。猪遇到突然的噪声会受惊、狂奔，发生撞伤、跌伤或碰坏某些设备。猪对重复的噪声能较快地适应，因此，噪声对猪的食欲、增重和饲料转化率没有明显影响，但突然的高强度噪声使猪的死亡率增高，母猪受胎率下降，流产、早产现象增多。

五、有害气体对猪的影响

猪舍内对猪的健康和生产或对人的健康和工作效率有不良影响的气体统称为有害气体。猪舍是半封闭的环境，主要由猪呼吸、粪尿、饲料、垫草腐败分解而产生 NH_3、H_2S、CO_2、CO 等有害气体。

氨气（NH_3）为无色、易挥发、具有刺激性气味的气体，比空气密度小，易溶于水。在猪舍里通常是由含氮有机物分解产生。氨气对人、畜的呼吸道黏膜和眼结膜有严重的刺激和破坏作用，引起结膜炎、支气管炎、肺炎、肺水肿。氨气也可以通过肺泡进入血液。

高浓度氨气可引起中枢神经麻痹、心肌损伤等。低浓度的氨气长期作用于猪，可导致猪的抵抗力降低，发病率和死亡率升高，生产力下降。一般产仔母猪舍氨气的浓度要求不超过 15mg/m^3，其余猪舍要求不超过 20mg/m^3。

硫化氢（H_2S）为无色、易挥发、具有臭鸡蛋气味的恶臭气体，易溶于水，比空气重，靠近地面浓度高。硫化氢易溶附至呼吸道黏膜和眼结膜上，并与钠离子结合成硫化钠，对黏膜产生强烈刺激，引起眼炎和呼吸道炎症。处于高浓度硫化氢的猪舍中，猪畏光、流泪，发生结膜炎、角膜溃疡、咽部灼伤、咳嗽，支气管炎、气管炎发病率很高，严重时引起中毒性肺炎、肺水肿等。长期处于低浓度硫化氢环境中，猪的体质变弱，抵抗力下降，增重延缓。硫化氢浓度为 30mg/m^3 时，猪变得怕光、丧失食欲、神经质，高于 80mg/m^3，可引起呕吐、恶心、腹泻等。猪舍中硫化氢含量不得超过 10mg/m^3。

二氧化碳为无色、无臭、略带酸味的气体。二氧化碳无毒，但舍内二氧化碳含量过高，氧气含量相对不足，会使猪出现慢性缺氧，精神萎靡，食欲下降，增重延缓，体质虚弱，易感染传染病。猪舍内含量要求不超过 0.15%～0.2%。

有害气体在猪舍内的产生和积累，取决于猪舍的封闭程度、通风条件、粪尿处理和圈养密度等因素。以上有害气体在浓度较低时，不会使猪出现明显的不良症状，但长期处于含有低浓度有害气体的环境中，猪的体质变差、抵抗力降低，发病率和死亡率升高，同时采食量和增重降低，引起慢性中毒。这种影响不易察觉，常使生产蒙受损失，应予以足够重视。猪舍内空气卫生指标参见表 8-3。

表 8-3 猪舍内空气卫生指标

猪舍类别	氨（mg/m^3）	硫化氢（mg/m^3）	二氧化硫（mg/m^3）	细菌总数（万个/m^3）	粉尘（mg/m^3）
种公猪舍	25	10	1 500	6	1.5
空怀妊娠母猪舍	25	10	1 500	6	1.5
哺乳母猪舍	20	8	1 300	4	1.2
保育猪舍	20	8	1 300	4	1.2
生长肥育猪舍	25	10	1 500	6	1.5

注：引自曹保东等《猪舍空气环境中的微生物污染》。

第五节　粪便、尿液、污水处理及利用模式

近年来，随着人们对地方猪品种肉质风味的追求，八眉猪规模化猪场的兴起和养殖规模的不断扩大，粪污排放量也随之提高，但目前八眉猪场粪污处理及资源化利用的方法相对落后，如何有效处理和合理利用猪场粪污是当前西北地区发展八眉猪养殖业迫切需要解决的一个重大问题。

目前，八眉猪养殖场在进行废弃物综合处理的同时与种植业、渔业等紧密结合，运用生物工程技术对猪的粪尿等排泄物进行厌氧发酵，将沼液、沼渣、沼气综合应用于农业种植、渔业和居民生活中，发展生态循环农业。具体包括以下几种模式。

（一）猪-沼-菜能源模式

猪-沼-菜能源模式是以沼气为纽带，把养猪、沼气和种菜合理配置，形成能源（沼气）、肥源（牲畜粪尿、沼液和沼渣）紧密联系，养殖和种植相结合，畜、沼、菜三位一体的生态复合农业工程。其主要功能特点是：猪粪尿经沼气池有效发酵达生物安全的目的；产生的沼气用来做饭、照明，解决农村的能源问题，一般一个$6m^3$沼气池的正常产气量用作燃料，一年可节约柴草2.5t，相当于$0.35hm^2$林木一年的生长量，有助于解决农村能源，节省劳力，保护生态；沼渣、沼液等有机肥料能够还田种植无公害或绿色蔬菜，降低农作物种植成本，改良土壤，保持生态平衡；蔬菜的茎、叶等副产品可代替部分饲料用以喂猪，节约养猪成本。

（二）猪-沼-鱼-果、粮模式

猪粪便入沼气池产生沼气，沼液流入鱼塘，最后进入氧化塘，经净化后再排到农田灌溉，沼渣、鱼塘泥作肥料，施于果园。结合陕西省、甘肃省和青海省等地的气候条件，在陕西省和甘肃省的八眉猪场可以种植小麦和玉米等粮食作物以及栽种苹果树，在青海省可以种植青稞等粮食作物。由于建立了多层次的生态良性循环，构成了一个立体的养殖结构，可以有效开发利用饲料资源的再循环，降低生产成本，变废为宝，减少环境污染，防止畜禽流行性疾病的发生，获取最大的经济效益。一般饲养一头90kg肉猪可产生粪尿和污水2 500kg

左右，每 40kg 猪粪尿换取 1kg 鲜鱼，而以沼液肥加其他饵料与质量相等的粪肥加其他饵料进行养鱼对比试验表明，前者比后者产量高 10%～60%，其中鲢、鳙产量可提高 50%～127%，经济效益提高 50%～200%。

（三）猪-沼-草模式

猪的排泄物进入沼气池进行厌氧发酵作无害化处理，沼液抽到牧草地灌溉。养猪户把牧草打成草浆，与饲料按 1∶1 搅拌混合饲喂生猪。在青海省、陕西省和甘肃省等西北地区的八眉猪养殖场，可以种植紫花苜蓿。栽培牧草是解决青绿饲料来源的重要途径，可以为家畜常年提供丰富而均衡的青绿饲料。紫花苜蓿广泛分布于西北、华北、东北地区，特点是产量高、品质好、适应性强。一头商品猪从 25～100kg 出售，可节约饲料成本 25 元左右，由于吃草的猪肉质鲜美，每头猪以高于市场价格出售，一头补充喂草的猪可比喂精料的猪增收 55 元左右。

（四）北方农村生态能源模式养猪技术

北方农村生态能源模式养猪技术简称“四位一体模式”，是一项生态农业与农村能源养猪技术相结合的技术。该模式根据北方各省冬季比较寒冷的特点，充分利用农牧业有机物和自然资源，以提高经济、生态能源和社会等综合效益为目标，以沼气为纽带，经过科学合理地搭配猪、厕所及蔬菜大棚，使之相互依存，优势互补，多业结合，综合利用，形成一个完整的农业生态循环系统。其主要技术是将沼气池、猪舍、蔬菜栽培组装在日光温室中，温室为沼气池、猪舍、蔬菜等提供良好的温湿条件，猪也能为温室提高温度，猪的呼吸气体和沼气燃烧为蔬菜提供气肥，使作物增产，蔬菜为猪提供氧气，猪粪尿产生沼肥，实现了种植养殖并举，建立生物多种群，达到了农业清洁生产、农产品无公害。

第九章
开发利用与品牌建设

八眉猪是我国宝贵的地方猪品种资源。为了有效推广八眉猪优势畜种资源，亟待加强八眉猪的开发利用与品牌建设。本章主要从八眉猪的品种资源开发利用现状、主要产品加工及产业化开发、品种资源开发利用前景与品牌建设以及前沿研究与展望四个部分进一步阐述八眉猪的开发利用与品牌建设。

第一节　品种资源开发利用现状

一、种源数量及其增减趋势

2007 年调查发现，八眉猪在陕西省境内有 1 023 头左右，在甘肃省仅有 150 头。2012 年调查发现，青海省共有八眉母猪 895 头、公猪 64 头，公母比例为 1∶14。总体而言，八眉猪处于保种阶段，数量趋势不容乐观。除保种场外，部分农户为增加经济效益，在散养八眉猪的同时，从外引入商品仔猪，虽然在一定程度上给当地畜牧业发展注入了活力，但大规模引入对保种工作不利，并造成部分猪传染病（如猪喘气病、猪高致病性蓝耳病、猪伪狂犬病等）的发生与蔓延，对整个八眉猪品种资源产业造成威胁。

二、主要开发利用途径

八眉猪产业发展的方向，主要是通过改进养殖方式，扩大生产规模，建立标准化生产示范区，推进特色产品及其副产品深加工发展，强化品牌创建，形成产业链。

（一）开发“优质、安全、绿色”猪肉

现代畜产品贸易竞争，既是价格之争，更是质量、安全优势之争。“优质、安全、绿色”猪肉（图 9-1）的基本概念有两个：一是指猪肉中有毒有害物质的残留要降低到一定限度；二是指猪肉的品质要好，特别是肉的颜色、pH、肌肉脂肪的含量、嫩度、系水力、肌纤维的粗细、瘦肉风味要好。它把猪肉的生产提高到一个更高的层次。随着人民生活水平的不断提高，绿色食品将成为消费主流，既是健康和安全的需要，又是当今生活的时尚。用八眉猪生产绿色猪肉具有很多优势，如劳动力成本低，当地环境污染较少，种饲料以家肥为主，化肥使用少。使用这些丰富的天然饲料饲养，按绿色食品的要求予以规范并强化实施，再加以八眉猪为基础母猪生产的二元、三元杂优猪适应性强，具有肉质好、肉色红而微暗、肉呈大理石纹状、味香的优点（图 9-2）。

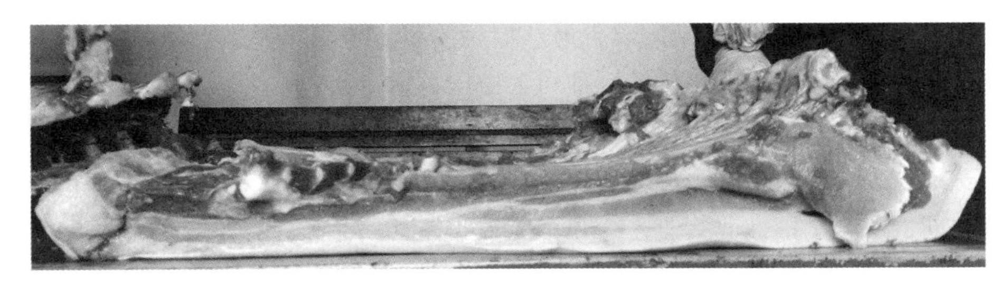

图 9-1　八眉猪肉

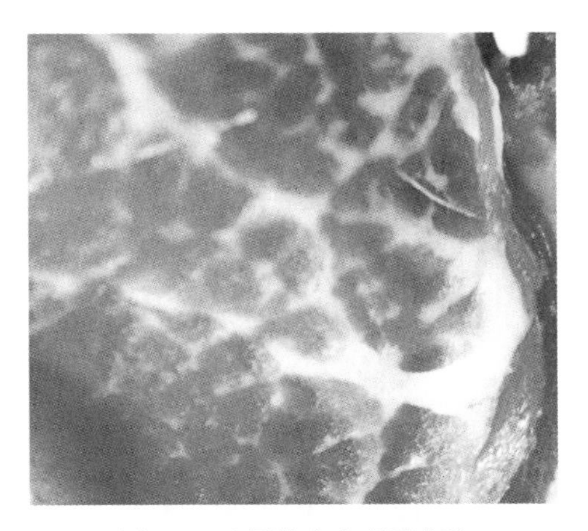

图 9-2　八眉猪肉大理石花纹

利用地方猪种及培育猪种生产“优质风味猪肉”是近年来发展的一个方

向，八眉猪在此方面的开发利用主要通过以下方式：

1. 本品种选育工作　根据市场需要，针对八眉猪的种质缺陷，研究制定新的本品种选育目标，在保种和开发生产纯种特色优质风味猪肉的同时，长期坚持不懈地进行本品种选育，提高瘦肉率、饲料报酬和繁殖力。

2. 开展新品系培育　根据市场的实际需求，主要针对特色优质风味猪肉这个市场，通过杂交方式，培育以地方猪种血统为主的新品系，新品系既保留八眉猪肉质优良、风味独特的种质特性，瘦肉率、饲料报酬有一定的提高（图9-3）。八眉母猪与国内外猪进行杂交时，一般都有较好的配合力。20世纪50年代后期开始引进外来品种进行经济杂交，“六五”和“八五”期间主要利用这一当家品种为基础母本，与内江、巴克夏、苏白、长白、杜洛克、汉普夏等国内外猪种为父本进行二品种或三品种杂交利用。20世纪70～80年代“三化”良种繁育体系的建立和杂交利用技术的推广，对推动青海省养猪业发展发挥了巨大作用。“九五”期间以青海八眉猪为母本，以英系大约克夏为父本杂交，合成配套母系，采用传统育种和生物技术相结合的方法，先后研究完成了青海省下达的“高原瘦肉型猪品系选育和集约养殖配套技术的研究”、农业部下达的“高原瘦肉型猪生产配套技术”两个项目，将青海八眉猪的利用和发展推向前进。当全国性养猪业连续几年处于低谷时，青海省的养猪业仍然保持着持续、稳定和健康发展。

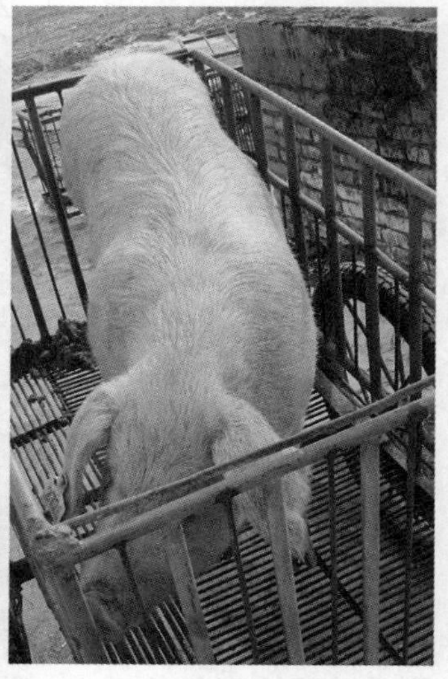

图9-3　大八二元杂交猪

（1）杂种猪肥育效果　据青海省畜牧兽医科学院20世纪70年代后期对不同杂种猪用同种配合饲料肥育试验结果表明：巴克夏×八眉、内江×八眉、苏白×八眉三种经济杂交组合F1代在182d的肥育期中，平均日增重为428.10g，肉料比为1∶4.15，屠宰率为71.91%，瘦肉率47.32%；内江×巴互一代母本的F2杂种猪，肥育145d平均日增重为510.34g，肉料比为1∶3.89，屠宰率为71.88%，瘦肉率为48.63%。80年代的试验结果：杜洛克×八眉组合平均日增重为626.48g，饲料转化率为1∶3.14；巴克夏×八眉猪、内江×八眉和长白×八眉3种组合杂种猪平均日增重为550～600g，饲料转化率为1∶3.5，瘦肉率为56.9%；90年代以英系大约克夏为父本杂交猪肥育期平均日增重为600g，料重比为3.5∶1，瘦肉率为57.26%。青海八眉猪平均日增重为343.66g，各种杂交组合猪平均日增重为552.98g，比八眉猪高209.32g，说明杂种猪肥育增重快，效果显著。

（2）杂种猪繁殖效果　以巴克夏、内江、苏白为父本与青海八眉猪杂交，平均窝产仔猪为11.18头；以内江、巴克夏分别与巴互、内互一代母猪杂交，平均窝产仔猪为11.39头；以长白为父本与八眉母猪杂交平均窝产仔12.67头；以长白猪为父本与苏互、内互母猪杂交，平均窝产仔猪为11头；以杜洛克为父本与巴互、苏互、长互母猪杂交，平均窝产仔猪为11.91头；八眉猪平均窝产仔猪为12头，比各类杂种猪平均11.83头高0.17头。这说明杂种猪繁殖效果低于八眉猪。

3. 建立特色优质猪肉生产产业模式　以大的种猪场、生猪屠宰加工企业为龙头建基地，以基地带养猪户，进行纵向一体化和横向一体化相结合的一体化经营，形成风险共担、利益共享的特色优质风味猪肉生产利益共同体。制定特色优质猪肉的品种、饲养、环境、加工、销售标准，实行标准化生产和销售，打造特色优质猪肉的品牌。

（二）品牌建设

以青海互助八眉猪品牌建设为例。青海省互助土族自治县畜牧业坚持以科学发展观为指导，按照“优化结构，注重特色，提升规模养殖水平，重点发展八眉猪产业”的思路，依托良好的生猪养殖基础和独特的八眉猪种质资源，加大资金投入力度，加快转变发展方式，大力发展规模化养殖，促进了八眉猪产业的较快发展。“十二五”以来，县政府每年拨付专项资金500万元以上着力推行“16125”“13525”和“16150”三种模式（“16125”是指1户养殖户饲养6头母猪，年生产仔猪100头，销售仔猪纯收入达到2.5万元。“13525”是指一个适度规模养殖场，饲养30头母猪，年肥育出栏500头生猪，实现纯利润25万元。“16150”是指一个较大规模养殖场，饲养60头母猪，年肥育出栏1 000头生猪，实现纯利润50万元；饲养600头母猪，年肥育出栏10 000头生猪，实现纯利润500万元）发展八眉猪产业，初步形成了以互助八眉猪原种育繁场和保种场为龙头，在保种的基础上开展杂交利用，生产二元杂交母猪供应良种仔猪繁育基地，由基地生产三元商品仔猪供应社会的良种猪繁育体系。

同时，通过多年的努力，互助土族自治县已成为青海省生猪养殖大县，也是全国生猪调出大县之一。2018年全县出栏生猪39.70万头，占全省生猪出栏量的25.4%，其产值已占到全县畜牧业总产值的60%。养猪业不仅成为互助土族自治县农牧经济的支柱产业，更是全县农民家庭经济收入的主要来源。

三、主要产品产销现状

青海省互助土族自治县生猪产业以八眉猪保种场和八眉猪原种育繁场为龙头、效益为中心，注重八眉猪保种、开发和利用推广工作。截至2018年底，两场共存栏八眉猪原种母猪300头，年向社会提供八眉猪二元母猪5 000头，全县存栏二元母猪达1万头，三元商品仔猪生产能力达12万头，生猪良种化率达到90%以上。为加大八眉猪品牌推介力度，在威远、西宁等地区共建立35处八眉猪肉定点销售点，实现了八眉猪肉的挂牌经营和专柜销售，为八眉猪肉的优质优价营销奠定了基础。

整体而言，八眉猪品种资源及其开发利用在近年来得到了较好的发展，但是仍存在畜牧业资金投入不足、土地审批障碍、技术指导不得力、科学饲养水平有待提高、畜牧业产业化程度较低等问题，需要当地政府及从业人员的继续努力。

第二节　主要产品加工及产业化开发

畜禽经致昏，放血，去除毛皮、内脏、头、蹄等最后形成胴体的过程称为屠宰加工。屠宰加工的方法和程序称为屠宰工艺。

一、八眉猪屠宰工艺

（一）工艺流程

健康猪进待宰圈-宰前淋浴-致昏-放血-浸烫-煺毛、去皮-去头-开膛-去内脏-劈半-胴体修整-检验入库（图 9-4）。

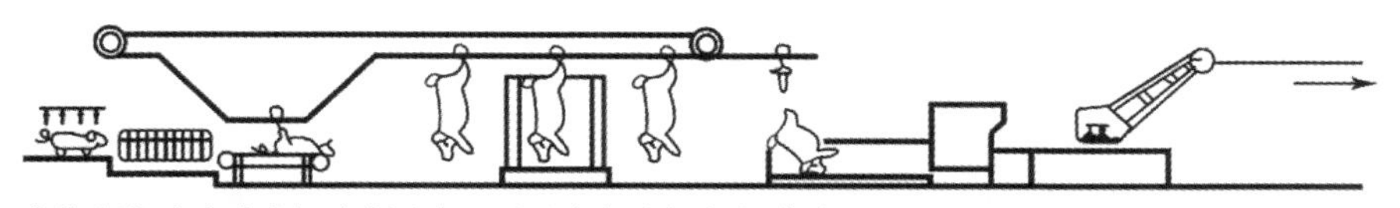

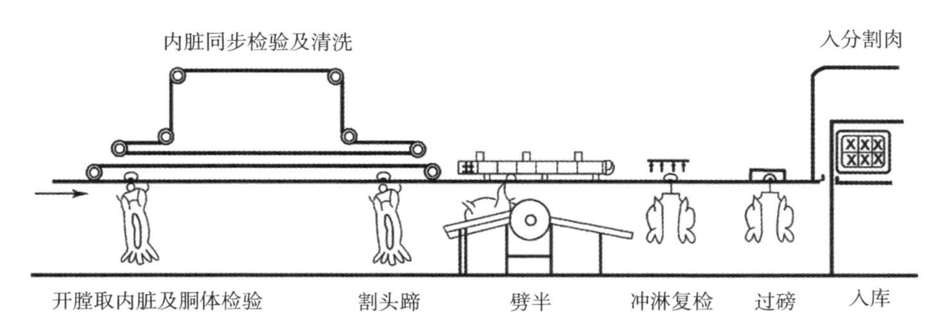

图 9-4　猪屠宰加工流程

（二）工艺要点

1. 致昏　应用物理和化学方法，使家畜在宰杀前短时间内处于昏迷状态，称为致昏，也叫击晕。击晕的主要目的是让动物失去知觉、减少痛苦，另一方面，可避免动物在宰杀时挣扎而消耗过多的糖原，以保证肉质。

（1）电击晕　通过电流麻痹动物中枢神经，使其晕倒。电击晕可导致肌肉强烈收缩，心跳加剧，导致动物短时间内失去知觉，便于放血。电击晕是目前广泛使用的致晕方法，电击晕时两个电极位于头部，第三个电极位于胸部。

（2）二氧化碳麻醉法　动物在 CO_2 浓度为 65%～85%的通道中经历 15～45s 即能达到麻醉，完全失去知觉可维持 2～3min。采用此法动物无紧张感，可减少体内糖原的消耗，有利于保持良好的肉品质量，但此法成本高。目前主要用于猪的致昏。

2. 放血　家畜致昏后应立即放血，最好不超过30s，以免动物苏醒挣扎引起肌肉出血，甚至造成人体伤害。放血有刺颈放血、切颈放血、心脏放血三种常用方法。

3. 电刺激　电刺激是指对屠宰后的猪胴体，在一定的电压、频率下作用一定的时间，刺激电流通过神经系统（宰后4～6min）或是直接使肌膜去极化引起肌肉收缩，促进肉的糖原酵解，加速肉的pH下降，使肉在较高的温度下进入尸僵状态，避免冷收缩发生的过程。习惯上按照刺激电压的大小可分为高压电刺激、中压电刺激和低压电刺激，但目前尚无严格的划分标准。出于安全考虑，欧洲国家多采用低压电刺激，即在放血后立即实施点刺激。澳大利亚、新西兰和美国多采用高压电刺激，在剥皮后进行。

4. 浸烫、煺火　家畜放血后开膛前，猪需要进行浸烫、煺火或剥皮。

5. 猪的浸烫和煺毛　放血后的猪由悬空轨道上卸入浸烫池进行浸烫，使毛根及周围毛囊的蛋白质受热变性，毛根和毛囊易于分离，表皮也出现分离，可达到脱毛的目的。屠体在浸烫池内浸烫约5min，池内水温70℃为宜。浸烫后的屠体即可进行煺毛、燎毛、清洗和检验（图9-5）。

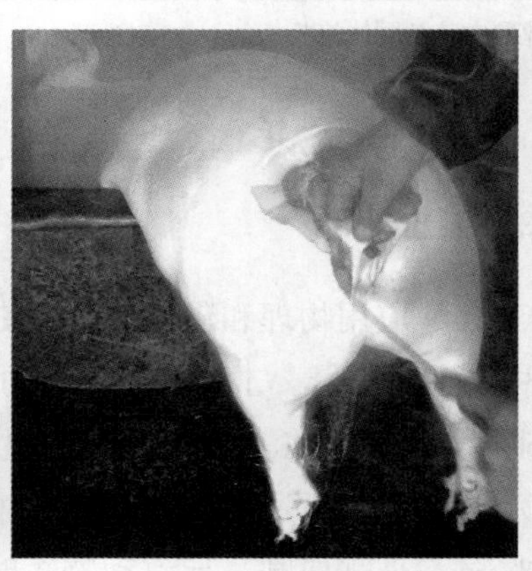

图9-5　浸烫和煺毛

6. 去头、开膛

（1）去头　猪在第一颈椎或枕骨髁处将头去除。

（2）开膛去内脏　沿腹中线切开腹壁，用刀劈开耻骨联合，锯开胸骨，取出白脏（胃肠等）和红脏（心肝肺等）。

（3）劈半及胴体修整　沿脊柱正中线将胴体锯开成两半，剥离骨髓，用水冲洗胴体，去掉血迹及附着的污物，称重后送到冷却间冷却（图 9-6）。

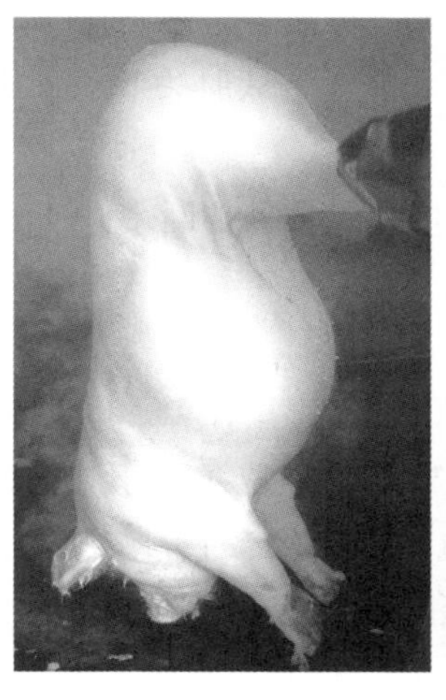
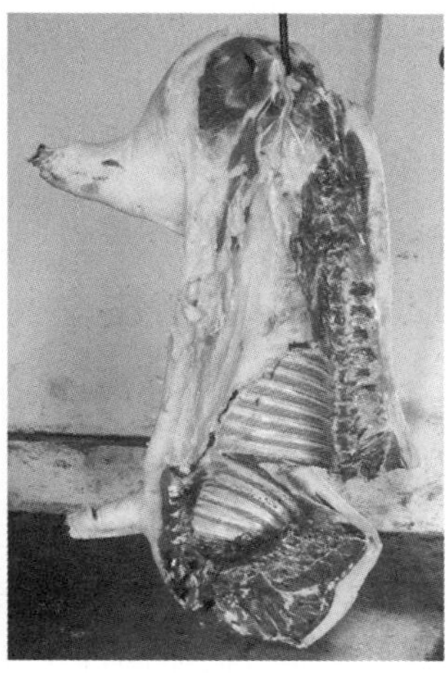

图 9-6　八眉猪胴体劈半（左侧）

（4）待检　兽医检验后，盖章入库。

二、屠宰率

指胴体重占屠宰前体重的百分率。公式为：

屠宰率（%）＝（胴体重÷宰前重）×100%

三、产品分割、主副产品鲜销与深加工及营销途径

（一）猪胴体分割

我国猪胴体（图 9-6）分割方法，通常将半胴体分为肩、背、腹、臀、腿几大部分。

1. 肩颈肉　俗称前槽、夹心、前臂肩。前端从第 1 颈椎，后端从第 4～5 胸椎或第 5～6 肋骨间，与背线呈直角切断。下端如做火腿则从腕关节截断，如做其他制品则从肘关节切断，并剔除椎骨、肩胛骨、臂骨、胸骨和肋骨。

2. 臀腿肉　俗称后腿。从最后腰椎与荐椎结合部和背线呈直线垂直切断，下端则根据不同用途进行分割：如作为分割肉、鲜肉出售，从膝关节切断，剔除腰椎、荐椎骨、股骨、去尾；如做火腿则保留小腿后蹄。

3. 背腰肉　俗称外脊、大排、硬肋、横排。前面去掉肩颈部，后面去掉臀腿部，余下的中段肉体从颈椎骨下 4～6cm 处平行切开，上部即为背腰部。

4. 肋腹肉　俗称软肋、五花。与背腰部分离，切去奶脯即是。

5. 前臂和小腿肉　俗称肘子、蹄髈。前臂上从肘关节、下从腕关节切断，小腿上从膝关节、下从跗关节切断。

6. 前颈肉　从第 1～2 颈椎处或第 3～4 颈椎处切断。

（二）肌肉蛋白质的功能特性

1. 溶解性　八眉猪及其杂交品种肌肉发达结实，口感可以媲美野猪（图 9-7）。肌肉蛋白质的溶解性是指在特定的提取条件下，溶解到溶液里的蛋白质占总蛋白质的百分比，肌肉蛋白在饱和状态下的溶解性是溶质（蛋白质）和溶剂（水）达到平衡的表现，蛋白质的溶解性在肉的加工过程中有特殊的重要性，因为它和蛋白质的许多功能性有关。例如，肉糊和重组肉制品中的凝胶、乳化和保水作用就是溶解了肉蛋白质和肉的各种成分相互作用的结果。

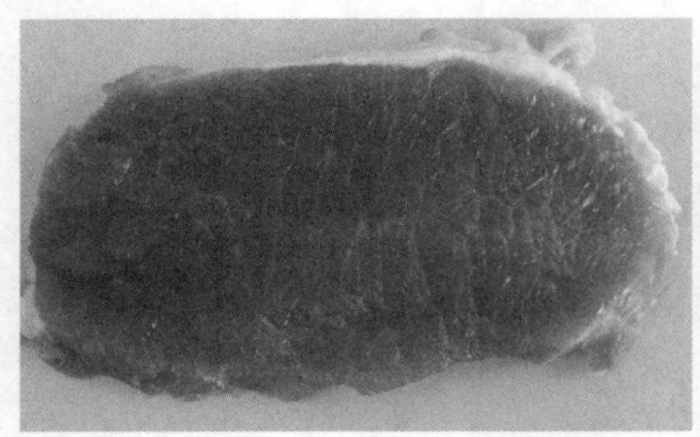

图 9-7　二元八眉猪肌肉

（1）蛋白质的结构和溶解性　蛋白质结构是其溶解性的决定因素之一，肌浆蛋白是球型结构，并且分子质量较小（大部分在 30～65u）。肌浆蛋白的表面由带电荷和不带电荷的极性基团组成，这些基团使得肌浆蛋白的等电点接近于中性，而不是典型的肉的等电点（5.4～5.6）。氨基酸的分布和蛋白质的三级结构使得肌浆蛋白和周围的水能自由相互作用，使肌浆蛋白有高度亲水性，并在水中或稀的盐溶液中呈可溶状态，而肌肉中的肌原纤维蛋白以有序的结构存在，具有较低的等电点，因此，肌原纤维蛋白在生理条件下或低离子强度下是不溶的。胶原蛋白在通常的肉加工条件下不溶，但在长时间的湿热作用或限制性酸/碱水解下可溶解，这些处理打破了胶原纤维溶质作用。

（2）离子强度对蛋白质溶解性的影响　当碎肉被充分洗涤时，因稀释作用除去大部分离子，肉表面会积聚大量正电荷，进一步用足量的去离子水进行稀释，直至离子强度为0.000 3～0.001，肌原纤维将会分解，尽管这种方法能使肉蛋白质溶解性升高，但是如此低的离子强度在生产中难以实现，因而实践意义不大。当离子强度在0.03～0.2时，蛋白质表面的电荷被其周围的离子所屏蔽，此时蛋白质的溶解性最低。如果离子强度进一步增加，肌原纤维蛋白又将回到溶解状态，因为这时蛋白质-蛋白质的相互作用被弱化，肌原纤维解离为肌丝，在肉类加工过程中，向肉中添加食盐和磷酸盐使体系的pH升高，并延长粉碎（滚揉、斩拌）时间，肌原纤维蛋白就会被提取到溶液中。除了从肌肉中解离出肌球蛋白，高浓度的NaCl（氯化钠）还可以降低肌球蛋白的等电点，从而使肌球蛋白在通常的pH范围内带有更多的净电荷。

（3）磷酸盐对蛋白质溶解性的影响　焦磷酸盐和三聚磷酸盐对蛋白质的溶解性有显著影响，没有磷酸盐时，肌球蛋白的提取在A带的中心开始，而在焦磷酸盐存在的情况下，提取发生在A带的两端，因为肌球蛋白交联的位置在A带的末端而非中心，所以可判断，焦磷酸盐的功能类似于润滑剂，它以和ATP类似的方式解离肌动球蛋白复合体，导致粗丝、细丝分离。三聚磷酸钠的作用和焦磷酸钠的作用很相似，它被内源性的磷酸酶水解为焦磷酸钠而发挥作用。

（4）肌纤维类型对蛋白质溶解性的影响　肉品加工工艺的设计应该考虑肌肉或肌纤维类型，总的来说，快速糖酵解的肌原纤维（白肌）比慢速糖酵解的肌原纤维（红肌）更容易提取，磷酸盐对前者的提取效果也更明显，这种差异的原因：首先，肌肉蛋白的提取必须克服物理结构上的阻碍，从组织学角度看，白肌的Z带比红肌窄，Z带的主要结构蛋白，α-肌动蛋白在红肌和白肌中的异构体不同；其次，在红肌和白肌中，其他几个次要的结构蛋白，如M蛋白、C蛋白、H蛋白和X蛋白在肌纤维形态学上也存在差异，白肌中的一些构成Z带的蛋白对宰后早期蛋白降解更敏感，特别是在盐存在的情况下；最后，从肌球蛋白的角度来说，肌球蛋白有一系列的肌纤维特异性的异构体，不同的肌球蛋白异构体物理化学性质、形态学、溶解度不同，因此，即使粗丝解聚，肌球蛋白的溶解度不同也会造成红肌和白肌的可提取

蛋白的数量差异。

2. 凝胶性　肌肉蛋白凝胶是提取出来（可溶）的蛋白分子解聚后交联而形成的集聚体。当集聚体达到了一定的程度，连续的三维空间网络就形成了，这个网络由交联肽构成，网络结构中保持了大量的水。形成凝胶的能力是肌肉蛋白在加工过程中最为重要的物理化学特征之一。肌肉蛋白凝胶的微细结构和流变特性与碎肉制品或乳化类制品的质构、外观、切片性、保水性、乳化稳定性和产率具有密切关系。

（1）凝胶的黏附性　凝胶可以黏附肉糊制品中的肉颗粒，形成三维空间网络来稳定乳化的脂肪团粒，而且可以捕获风味物质和其他肉的成分，还可形成复杂的毛细管系统来保持水，因此，蛋白凝胶和一系列肉制品的质量特征有关，例如法兰克福肠、去骨火腿、肉圆和各种午餐肉。对于要添加大量水的肉制品来说，蛋白凝胶的作用就尤为重要。

（2）肌球蛋白凝胶和混合肌原纤维蛋白凝胶　肉制品中的肌原纤维蛋白凝胶一般都由热诱导产生，肌原纤维蛋白可以形成两种类型的凝胶：肌球蛋白凝胶和混合肌原纤维蛋白凝胶。在接近生理条件下，肌球蛋白形成肌丝。因此，在低盐浓度 0.15～0.20mol/L NaCl（或肉中的盐浓度为 0.6%～0.8%）下，肌球蛋白能形成弱凝胶。但如此低的离子强度下，肌球蛋白凝胶的实践意义并不大，因为这样的条件在加工肉制品中很少见，加工肉制品的离子强度至少要 0.5mol/L NaCl（或肉中的盐浓度为 2%），这样才能保证蛋白质的充分提取和溶解。混合肌原纤维蛋白凝胶，也被称作肌原纤维蛋白凝胶、肌动球蛋白凝胶或盐溶性蛋白质凝胶，是在大多数加工肉制品中常见的凝胶。然而，即使在混合蛋白系统中，肌动球蛋白的肌球蛋白部分仍然是最重要的凝胶形成蛋白。肌球蛋白的不同部位对肌球蛋白或肌动球蛋白凝胶的贡献率为：杆状部位＞酶解肌球蛋白轻链＞酶解肌球蛋白重链＞S-1 亚基。

（3）凝胶形成机制　肌原纤维在肉加工条件（0.5～0.6mol/L NaCl，pH 6.0～6.5）下的凝胶形成机制已被广泛研究，对热致肌球蛋白凝胶的变化进行连续观察发现：肌球蛋白头部（S-1 亚基）在 35℃发生解聚，并且产生了头-头交联的二聚体和多聚体；当温度上升到 40℃，头部紧密相连，尾部朝外的球状聚集体形成；45℃时，低聚物和由两个甚至更多的低聚物形成的聚合体共存；50～60℃，低聚物的尾-尾交联产生凝胶微粒，凝胶微粒构成了凝胶网络。

（4）各类肌肉蛋白的作用　肌原纤维蛋白因其持水的能力，在加工肉制品的凝胶行程中扮演重要的角色。尽管在某些情况下，肌浆蛋白可增强肌原纤维蛋白的凝胶，但肌浆蛋白的凝胶能力较差，胶原蛋白和弹性蛋白主要构成了肉的结缔组织，它们在凝胶形成上的作用很有限，这是因为，通常的肉品加工条件很难让它们充分水化和提取，胶原蛋白的右手三重螺旋分子直到65℃（接近于烹饪温度）才解聚。然而，一旦被提取出来，胶原蛋白就能形成弹性冷凝胶。从猪肉、鸡皮或精细斩碎的结缔组织中提取出来的胶冻状胶原蛋白有时会被用在熟肉制品中。

（5）不同肌肉和肌纤维的凝胶性能　肌原纤维蛋白的凝胶性能与纤维类型有关，在同样的加工条件下，白肌纤维的蛋白（例如鸡胸肉）比红肌纤维的蛋白（例如鸡腓肠肌、牛咬肌）在加热时更易形成凝胶，并且凝胶的储能模量也高。这种凝胶性能的差异不是因为不同的蛋白质异构体，特别是肌球蛋白在结构和溶解性上的差异。在0.1～0.6mol/L NaCl溶液中，白肌的肌球蛋白形成伸长的细丝，而不是像红肌的肌球蛋白那样形成短聚集体。

对于一些动物种类或肌肉类型来说（如太平洋白鱼、阿拉斯加鳕鱼、牛的心肌），其中的内源蛋白酶能使45～60℃加热后的蛋白凝胶强度显著降低，这种凝胶变差会影响一些鱼糜（水洗肉糊，一种初级肌原纤维蛋白浓缩物）或鱼糜制品的品质，但卵白或牛血浆粉等这些蛋白酶抑制物是理想的抑制品质变差的添加物。

（6）加工因素对凝胶的影响　因为连续的凝胶网络系统是可溶性蛋白有序结合的结果，所以在肉品的加工中，必须精确控制加工条件和产品配方，肌原纤维蛋白的凝胶强度随着蛋白浓度的增加而呈指数增加，因此，影响肌原纤维蛋白的提取的因素，像pH、温度、离子强度、肌肉僵直状态、宰后成熟时间、多聚磷酸盐、加盐混合时机选择都能影响蛋白的提取。同样，许多因素，例如加热速率、氧化或还原物质、多糖、脂类、非肉蛋白、二价阳离子、肌动球蛋白中肌球蛋白的比例、内源性蛋白酶、肌肉类型都可影响蛋白-蛋白交联，因此对蛋白凝胶有影响。总体来说，混合肌原纤维蛋白在pH6.0、离子强度0.6～0.8、温度65℃时凝胶能力最佳，慢速加热形成的凝胶比较理想，因为慢速加热使得蛋白逐渐变性，这样有利于有序的蛋白-蛋白交联。交联介质或因素，如微量的Ca^{2+}、脱氢抗坏血酸、过氧化氢、转谷氨酰胺酶能促进肌原纤维蛋白凝胶的形成。

（三）乳化性

肌肉、脂肪、水和盐混合后经高速斩切，形成水包油型乳化特性的肉糊，由此制成的肉制品称为乳化状肉制品。在生肉糊中，肌肉纤维、结缔组织纤维及其纤维碎片和不溶性蛋白质悬浮在含有可溶性蛋白质和其他可溶性肌肉组分的水相中，被可溶性蛋白质包裹着的球形脂肪颗粒分散在基质中。

形成乳化体系的工序：在乳化类肉制品的加工中，蛋白质的乳化性至关重要，形成乳化体系的工序通常包括粉碎、混合和乳化。

（1）粉碎　将原料肉经机械作用由大变小的过程称之为粉碎，粉碎程度因制品的不同而异，通常每一种产品都有其独特的特点，某些产品宜粉碎得很粗，而另一些产品则需粉碎得极细，以致形成一种类似乳胶的肉糊。通过粉碎达到以下两个作用：改善制品的均一性，提高制品的嫩度。

通常用于粉碎的设备有绞肉机、斩拌机、乳化机和切片机。绞肉机通常用于香肠和重组产品粉碎的第一步，对碎肉香肠和新鲜碎肉香肠来说，绞肉常是其采用的唯一粉碎方式。过去斩拌机主要用于制作肉糊，现在通常用于降低肉和脂肪颗粒的大小以及混合配料，为在乳化机中进一步粉碎做准备。与斩拌机相比，乳化机操作速度更快，形成肉糊的时间更短，产生的肉糊中脂肪颗粒更小。

（2）混合　为了使肉类蛋白质增溶和膨胀而在进一步加工前进行的附加搅拌为混合，这是一道独立的加工工序。与单一进行绞肉相比，混合工序能确保各种配料成分，尤其是腌制料和调味料的均匀分布。粗碎肉香肠是在灌肠前进行混合。对肉、调味料和其他配料进行大批量混合是肉糊粉碎前的一个常用工序。

在肉糊生产前对原料进行搅碎和混合的过程，称为预混合，预混合肉在72h内要进一步加工，在冷藏条件下，粗略粉碎的肉块（直径＝1.5cm）与盐水预混合，盐水渗透到肉块中使肌纤维增溶和膨胀，盐溶性蛋白质提取量增加。预混合期间可采样和分析原料的蛋白质、水分和脂肪含量，不同脂肪含量的原料经预混合能准确控制成品的组成。

（3）乳化　肌肉、脂肪、水和盐混合后经高速斩切，形成水包油型乳化特性的肉糊，由此形成的肉制品，其质地和稳定性与各种成分之间的物理性状密切相关。一种典型的肉糊形成包括以下两个相关的变化过程：

① 蛋白质膨胀并形成黏性的基质。肌肉纤维结构的破坏增加了蛋白质与细胞外液和添加水的接触，低离子浓度下不溶性蛋白质（主要是肌球蛋白、肌

动蛋白和肌动球蛋白）以网络结构的形式存在，在适合的离子浓度或其他条件下，吸收水分于网络中。加盐类后，蛋白质吸水膨胀，从而产生黏性的基质，当然，有些蛋白质仍在肌肉碎片和结缔组织碎片中保持原状（不膨胀），而另一些蛋白质溶解于肉糊中，具有乳化性能。肉糊中蛋白质以三种水合状态存在：未膨胀的蛋白质、膨胀的蛋白质和可溶性蛋白质，它们之间并不是独立存在的，而是不停地相互转化。

肉糊中蛋白质基质的形成能使自由水固定，并能防止热处理时水分的损失，从而使成品的结构稳定。蛋白质基质还有助于稳定粉碎时所形成的脂肪颗粒，防止其在加热时融化而聚合。

② 可溶性蛋白质、脂肪球和水的乳化。

（四）肉制品的加工

八眉猪的猪肉制品包括火腿、香肠、腊肉及腊肠（图 9-8）。由于这些产品的加工方法或调料的不同，所以种类繁多。

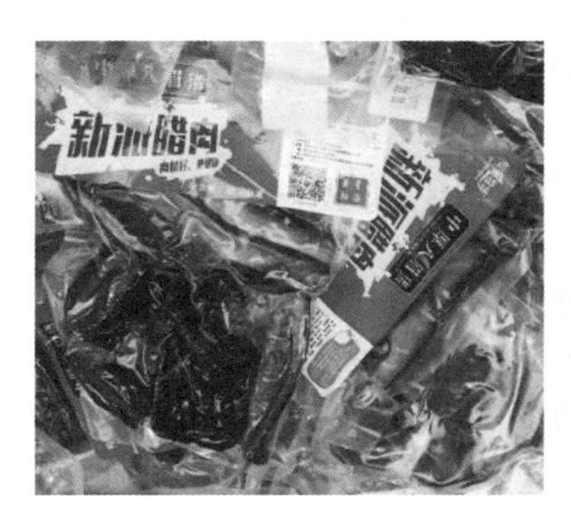

图 9-8　八眉猪腊肉和腊肠

（五）猪肉干产品的开发

近年来，肉类生产的发展促进了肉制品工业大规模的崛起，也使肉类加工业在组织形式，产品结构、技术进步和消费方式等方面产生变化，猪肉肉干作为一种传统的肉制品，具有蛋白质含量高、脂肪含量低、易保存、食用方便等特点，深受现代人喜爱（图 9-9）。然而传统猪肉肉制品在加工过程中存在着感官品质较难控制的缺点，如颜色深褐，不能给消费者愉悦的第一印象；糖分含量不好控制，在后期储藏过程中易出现蔗糖返砂等。因此，一些肉干加工企业根据市场需求进行质量改进，如通过适当提高肉干水分含量，添加品质改良剂、色素，采用真空包装等措施来提高肉干产品品质，但仍然存在产品质量不稳定、色泽暗淡、口感粗糙等问题。

图 9-9　八眉猪熟肉

第三节　品种资源开发利用前景与品牌建设

八眉猪是青海高原宝贵的优良品种资源，是一个珍贵的基因库。八眉猪已被列为中国地方猪遗传资源名录，这为合理保存和利用八眉猪种资源提供了依据。本章从资源保护利用和贫瘠多变的特殊环境出发，详细叙述了八眉猪的起源、分布和形成的生态环境；明确论述了该品种的优良特性和种用价值；科学分析了这一地方品种的保种经历和开发利用现状及存在的主要问题；提出了今后进一步搞好八眉猪种质资源的保护和利用对策。

一、杂交利用

八眉猪生长速度慢，胴体性能差，直接肥育生产肉猪效果不佳。但与外来品种杂交，杂种优势明显，是一个良好的杂交母本品种。杨葆春等以青海八眉猪及约×八、长×八、杜×八、长×（约×八）、杜×（约×八）和杜×（长×八）6 种杂交组合猪为研究对象，分别测定了肥育与胴体性能（表 9-1、

表 9-2）。结果显示，不同杂交组合猪的平均日增重与料重比均好于青海八眉猪，其中三元杂交组合优于二元杂交组合。三元杂交组合的瘦肉率、胴体长、眼肌面积和后腿比例高于二元杂交组合和青海八眉猪，平均膘厚显著低于二元杂交组合和青海八眉猪。这说明青海八眉猪虽然肥育性能差，但与外来品种杂交时的配合力较高，杂种后代容易获得明显的杂种优势。

表 9-1 不同杂交组合猪的肥育性能

组合	前期		后期		全期	
	日增重（g）	料重比	日增重（g）	料重比	日增重（g）	料重比
约×八	$552.37^{Ba}\pm103.31$	3.23^{b}	$642.87^{Ba}\pm103.37$	4.28^{b}	$585.05^{Ba}\pm85.83$	3.55^{b}∶1
长×八	$574.02^{Ba}\pm74.40$	3.02^{b}	$655.24^{Ba}\pm86.69$	3.63^{b}	$610.62^{Ba}\pm74.21$	3.40^{b}∶1
杜×八	$556.71^{Ba}\pm118.36$	3.01^{b}	$659.44^{Ba}\pm138.26$	3.78^{b}	$621.11^{B}\pm97.24$	3.31^{b}∶1
长约八	$584.07^{B}\pm54.88$	2.98^{b}	$687.86^{B}\pm100.20$	4.05^{b}	$633.70^{Bb}\pm61.49$	3.23^{b}∶1
杜约八	$607.22^{Bb}\pm104.00$	2.87^{b}	$681.48^{Bb}\pm55.44$	4.02^{b}	$638.98^{Bb}\pm71.12$	3.16^{b}∶1
杜长八	$619.36^{Bb}\pm112.50$	2.82^{b}	$705.67^{Bb}\pm121.36$	3.96^{b}	$647.32^{Bb}\pm96.21$	3.14^{b}∶1
八眉猪	$386.97^{A}\pm58.87$	3.92^{a}	$447.99^{A}\pm92.18$	4.89^{a}	$409.86^{A}\pm81.36$	4.09^{a}∶1

注：引自杨葆春《不同杂交组合猪的肥育与胴体性能测定》。同列数据肩标不同小写字母表示差异显著（$p<0.05$），不同大写字母表示差异极显著（$p<0.01$），相同字母表示差异不显著（$p>0.05$）。

表 9-2 不同杂交组合猪的胴体性能

组合	屠宰率（%）	瘦肉率（%）	胴体长（cm）	眼肌面积（cm^2）	背膘厚（cm）	后腿比例（%）
约×八	71.17 ± 1.98	$53.73^{b}\pm1.45$	$83.88^{b}\pm2.10$	$27.44^{b}\pm1.93$	$3.18^{b}\pm0.10$	$27.55^{b}\pm1.04$
长×八	71.62 ± 2.38	$55.13^{b}\pm1.14$	$86.25^{b}\pm8.84$	$28.90^{b}\pm5.74$	$3.11^{b}\pm0.81$	$27.49^{b}\pm2.02$
杜×八	71.89 ± 2.63	$56.19^{b}\pm1.48$	$85.67^{b}\pm2.52$	$27.83^{b}\pm5.10$	$3.05^{b}\pm0.43$	$28.15^{b}\pm1.43$
长约八	71.35 ± 1.24	$58.23^{B}\pm2.48$	$90.88^{B}\pm2.90$	$31.99^{Bc}\pm4.46$	$2.72^{Bc}\pm0.46$	$29.80^{b}\pm1.87$
杜约八	71.20 ± 0.77	$57.96^{B}\pm2.73$	$87.17^{B}\pm2.25$	$30.73^{Bc}\pm5.04$	$2.65^{Bc}\pm0.86$	$28.68^{b}\pm1.96$
杜长八	72.67 ± 1.25	$59.16^{B}\pm2.65$	$88.87^{B}\pm2.89$	$32.16^{Bc}\pm4.67$	$2.63^{Bc}\pm0.57$	$31.36^{b}\pm1.86$
八眉猪	70.19 ± 1.50	$46.25^{Aa}\pm1.70$	$78.12^{Aa}\pm3.55$	$22.72^{Aa}\pm2.42$	$3.38^{Aa}\pm0.44$	$25.18^{a}\pm2.80$

注：引自杨葆春《不同杂交组合猪的肥育与胴体性能测定》。同列数据肩标不同小写字母表示差异显著（$p<0.05$），不同大写字母表示差异极显著（$p<0.01$），相同字母表示差异不显著（$p>0.05$）。

二、八眉猪肉品质研究

在八眉猪肉品质研究方面，赵子龙等测定了八眉猪、二元杂交组和三元杂交组肉质常规指标以及眼肌脂肪酸含量，结果显示滴水损失、剪切力和屠宰后45min 的 pH 随着外源血缘增加而有所降低，八眉猪纯种组肉色评分高于杂交

组，失水率和熟肉率随着外源血缘增加有所增加，八眉猪纯种组肌肉纤维直径最小且更为均匀（表 9-3）。

表 9-3 八眉猪及其杂交肉质性能比较

项目	八眉猪	长八二元	约八二元	长约八三元	杜约八三元
头数	4	2	2	2	2
pH_1	6.77±0.19	6.81±0.08	6.78±0.21	6.62±0.60	6.48±0.08
肉色	4.28±0.17	3.25±0.35	3.65±0.21	3.40±0.14	4.15±0.21
大理石纹	2.78±0.69	2.50±0.00	3.15±0.49	2.60±0.57	2.90±0.57
剪切力（N）	54.03±8.10	38.76±12.76	43.60±18.48	40.22±6.82	38.49±3.78
滴水损失（%）	5.17±1.59	4.23±0.94	3.35±0.55	5.19±0.93	2.50±0.21
失水率（%）	8.90±1.61	8.59±3.92	9.67±3.03	7.48	9.85±3.92
熟肉率（%）	65.22±2.28	67.21±1.67	69.43±4.21	67.98±1.20	67.83±1.94
肌纤维直径（μm）	4.14±9.17	69.26±12.13	—	77.27±30.32	—

注：引自赵子龙《八眉猪及其不同杂交组合肉质特性分析》。

眼肌脂肪酸包括 3 种饱和脂肪酸（肉豆蔻酸、棕榈酸、硬脂酸）、2 种单不饱和脂肪酸（棕榈油酸、油酸）以及 1 种多不饱和脂肪酸（亚油酸）共 6 种脂肪酸。二元杂交组的饱和脂肪酸含量高于八眉猪纯种组和三元杂交组；单不饱和脂肪酸中，三元杂交组高于其他两组；眼肌亚油酸含量八眉猪纯种组显著高于其他杂交组（表 9-4）。

表 9-4 八眉猪及其杂交眼肌脂肪酸类型与含量比较

项目	八眉猪	长八二元	约八二元	长约八三元	杜约八三元
肉豆蔻酸（%）	1.42±0.12	1.58±0.11	1.46±0.05	1.26±0.03	1.30±0.21
棕榈酸（%）	26.74±1.47	28.28±0.01	27.69±0.21	25.99±0.37	24.94±3.38
棕榈油酸（%）	3.40±0.11	4.69±0.17	4.08±0.04	3.47±0.52	3.19±0.16
硬脂酸（%）	13.51±1.63	12.25±1.03	13.20±0.17	13.02±0.97	12.09±4.86
油酸（%）	46.64±3.20	46.48±1.27	47.16±0.90	49.56±0.15	51.97±11.68
亚油酸（%）	8.30±0.54	6.74±0.32	6.42±0.93	6.71±0.04	6.53±3.40

注：引自赵子龙《八眉猪及其不同杂交组合肉质特性分析》。

野猪、八眉猪与大白猪不同杂交组合猪背最长肌的风味物质也不尽相同，在野猪×八眉猪（F1）、F1×F1、F1×八眉猪、F1×大白猪等四组杂交组合中，分别鉴定出了 105、103、96 和 87 种风味物质，野猪×八眉猪组合的风味物质类型最为丰富，F1×大白猪组合最少；四种杂交组中具有相同的风味物质 64 种，其中丁酸烯丙酯、2，2-二甲基-3-甲基氧烷与 2-戊基呋喃等 10 种风味物质存在显著性差异，说明肌肉中风味物质的类型与猪的品种相关，至于肌肉风味物质组成是否由品种决定仍需进一步研究。

三、八眉猪品牌建设

为了更好地推广八眉猪这一优质的畜种资源，我们要加强八眉猪的品牌建设，实施品牌战略，发挥品牌效应。2002 年，互助八眉猪肉被青海省质量技术监督局、青海省畜牧厅和国家标准化管理委员会授予“无公害瘦肉型猪肉”，青海省互助八眉猪原种育繁场和保种场被授予无公害高原瘦肉型猪肉生产基地；2006 年，八眉猪被农业部确定为国家级畜禽遗传资源保护品种；2009 年、2011 年，互助八眉猪地理标志证明商标“互媚”商标（图 9-10）先后在国家工商行政管理总局成功注册，互助八眉猪和互助八眉猪肉被农业部农产品质量安全中心授予无公害农产品证书；2012 年，互助八眉猪农产品地理标志通过农业部认证。

图 9-10　“互媚”商标

第四节　前沿研究与展望

历经自然选择和人工培育之后，我国地方猪种在繁殖性能、肉品质、耐粗饲等方面均优于国外瘦肉型猪种，但由于其生长速度缓慢、瘦肉率低、背膘较厚等经济性状缺陷的存在，所以地方猪种均以各地的保种场、散户饲养为主，很难得到大、中型农牧养殖企业的青睐。为了能利用地方猪种的优良生产特性，改良猪种生长缓慢、屠宰率和瘦肉率低的不足之处，引进国外猪种与其进行经济杂交。从另一个角度看，将外来猪种与中国地方猪种结合杂交利用，也可加强对外来猪种的选择与利用。因此，外来猪种与地方猪种结合的过程是双向利用的过程，也是双赢的选择。通过育种工作者的辛勤劳动，培育出了多个备受市场青睐的猪配套系，如渝荣 1 号猪配套系、龙宝 1 号猪配套系等，但不足之处也很明显，即由于我国近几年大量引种，却未能完成风土驯化，使得外来猪种对当地的环境适应性差，导致未能完全发挥外来猪种的优良种用性能，使得中国引种进入怪圈，种质资源未得到充分利用。

地方猪种对于未来猪肉市场有着极大的导向优势。由于商品猪多出于集约化、规模化养殖，快速养殖的代价就是肉质下降，当今市场多充斥普通商品猪肉，价格趋于稳定且处于较低的水平，利润空间很小。地方猪种借助其肉质优良、风味佳和口感独特的优势，必将在中高端猪肉市场占据主导地位，在国际猪肉食品市场上获得较大的利润空间。

一、八眉猪的杂交利用研究

从杂交性能上来看，不同杂交模式影响八眉猪产仔率，纯繁组产活仔数10.81头，长×八杂交组产活仔数9.05头，大×八杂交组产活仔数9.58头。这与张强胜等（2006）研究结果基本一致，说明在引入外猪种血缘进行杂交繁育时，遮盖了八眉猪本身的高产仔性能；研究同时也指出杂交组仔猪初生体重和21d断奶重量显著高于纯繁组，说明八眉猪与国外种猪杂交后代的断奶窝重杂种优势明显，仔猪育成率提高，弥补产仔数相对较少的不足。有研究指出，在八眉猪杂交过程中随着外源血份额增加，杂交后代眼肌肌纤维横截面积和直径也有增加的趋势，说明与外源猪杂交可提高八眉猪杂交后代生产性能和肥育性能（梁晓兵等，2013）。八眉猪遗传性能稳定，适度近交依然表现优良性能，可作为优质的杂交母系品种。由于青海温度低，海拔高，外来猪种很难发挥最优生产性能，因此可充分发挥八眉猪的基础母本作用，结合各自优势。在保种利用过程中，充分利用杂交创新，有计划地生产长八、约八二元母猪，同时生产三元杂交商品猪供给市场肉品消费，以推动八眉猪养殖业持久、长远发展。

而从畜禽遗传资源上看，畜禽资源是国家实行重大战略性远景规划的基础，它的保种利用关系到种业发展和国计民生。作为优良的高原地方猪种，对它的保护是为人类保存不可预见的选择机会，是为畜禽生产培育新品种保存不可缺少的宝贵原始素材。因此，加强对互助八眉猪保种利用工作的推进，对满足生猪市场需求、带动畜牧经济发展有重要的意义。生产中八眉猪直接肥育供应猪肉消费很不经济，应合理开展杂交利用，生产二元、三元杂交猪，开启八眉猪保种利用新模式。

刘永福等（2012）通过对八眉猪主要分布猪场现有八眉猪数量进行调查，结果显示共有纯种八眉母猪470余头、公猪34头，二元种母猪（长八、约八、杜八）623余头，散户养殖共计1 800余头，建议保持和提高公猪数量和质量，通过各场间调换公猪扩充血缘，防止群体近交频率过高。

刘永福、张生芳等（2012）认为互助八眉猪保种场基础群应控制在150头左右，其生产群、繁殖群、核心群数量应符合6∶3∶1比例，并实行各家系等量留种模式保持猪群结构。建立良种繁育体系，核心群以纯繁为主；繁殖群主要为生产群提供种猪；生产群开展杂交研究和开发利用。目前主要生产长约八、杜约八三元杂交猪，满足市场需求。

二、八眉猪抗逆性研究

作为我国优秀地方品种的八眉猪存在历史悠久，据古书记载，6000 年以前人类出现了甘肃家猪驯养活动。秦安大地湾仰韶晚期遗址发掘证明，该时期人类多定居生活，靠农业劳动获得基本生存所需。遗址中发现成堆的猪骨即可说明猪养殖已成为当时的主要农业活动，而圈养家畜为主要饲喂模式。

生长在青藏高原的八眉猪由于恶劣的外界环境，使其有着极强的抗寒能力，通过体表滋生绒毛来抵抗冬季的严寒。长期的低温环境影响，八眉猪为适应环境形成了很强的沉积脂肪能力，这也是抵抗严寒的另一优势。八眉猪也有较强的耐热能力。据测定，八眉猪日晒前后的体表温差为 3.38℃，肛门温差仅 0.04℃，呼吸和脉搏无显著变化（郑炳辉等，2009）。八眉猪抗病性能较强，适应高寒气候而不易发病。八眉猪具有耐粗饲的优良特性，对日粮粗纤维消化能力强。据测定，八眉猪 6 月龄时采食粗纤维含量 9.02%日粮，消化率竟高达 31.18%，比其他地方猪种高。

三、八眉猪肉质研究

从肉质性状上来看，互助八眉猪肌肉的 pH 为 6.43，和其他地方品种处于相当水平；肉色与肌肉大理石纹评分为 3～4 分，表明八眉猪肉色好，肌内脂肪含量较佳，符合优质肉品的要求；100 g 肌肉失水 18.86 g，与外来猪种杜洛克比具有较强的保持水分的能力；蒸煮后熟肉比例为 66.12%，脂肪比例为 7.16%，远远高于其试验猪品种（赵子龙，2014）。

地方品种猪的肉质比进口品种更嫩，更多汁，重要原因是肌内脂肪含量高。庞卫军等 2013 年研究发现八眉猪肌内脂肪含量远高于大白猪，可能与转录因子 FoxO1 对脂肪型和瘦肉型肌内脂肪沉积的差异调控有关（图 9-11）。孙远梅等（2017）首先在脂肪型和瘦肉型猪背最长肌中，通过免疫荧光对 PDGFRα 阳性细胞进行了定位，随后以猪肌内前体脂肪细胞作为细胞模型，检测了 PDGFRα 在该细胞成脂过程中的表达，并通过干扰 FoxO1 和过表达 miR-34a 探究了调控 PDGFRα 上游对猪肌内前体脂肪细胞成脂的影响。结果表明，PDGFRα 阳性细胞均为猪肌内脂肪细胞且 PDGFRα 能够促进肌内脂肪的生成。此外，miR-34a 可以靶定 PDGFRα，且 FoxO1 可以在转录水平上调 PDGFR 的表达。同时，PDGFRα 能够通过激活 ERK 信号通路正向调控猪肌内脂肪细胞的生脂（图 9-12）。

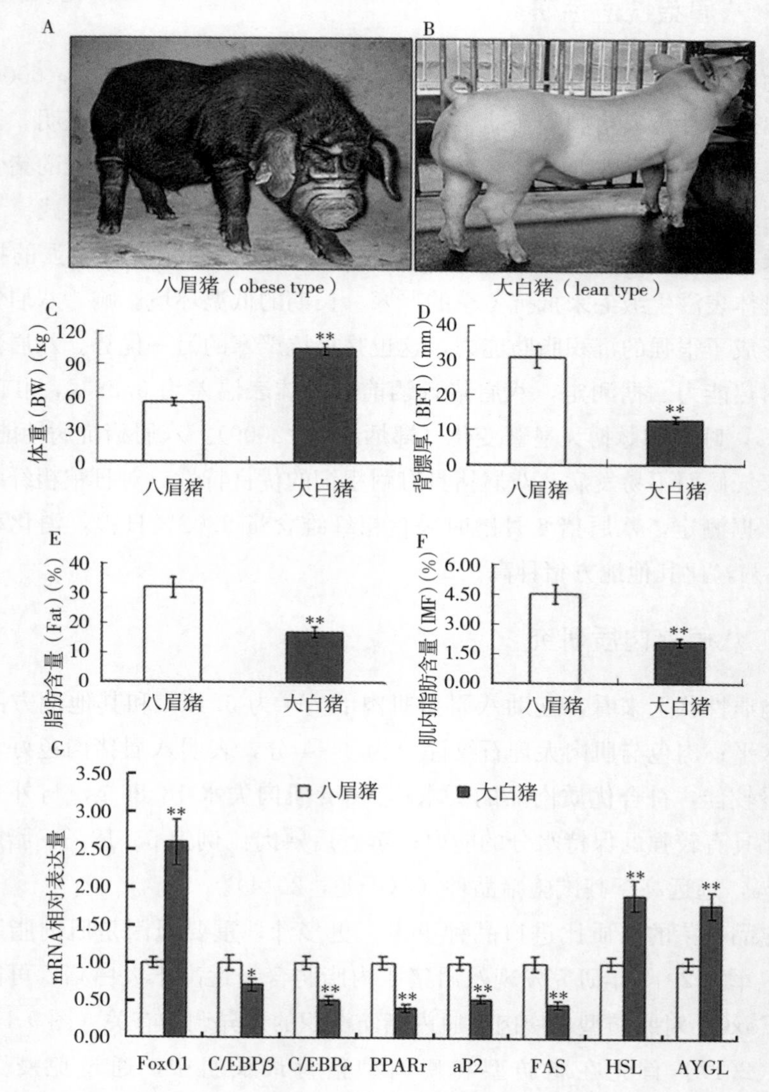

图 9-11　八眉猪肌内脂肪含量远高于大白猪（引自庞卫军等，2014）

FoxO1：转录因子叉头蛋白；C/EBPβ：CCAAT-增强子结合蛋白 β；C/EBPα：CCAAT-增强子结合蛋白 α；PPARr：过氧化物酶体增殖剂激活受体 r；aP2：脂肪酸结合蛋白 2；FAS：脂肪酸合成蛋白；HSL：激素敏感性甘油三酯脂肪酶；ATGL：脂肪甘油三酯脂肪酶；* 表示差异显著（$p<0.05$）；**表示差异极显著（$p<0.01$）

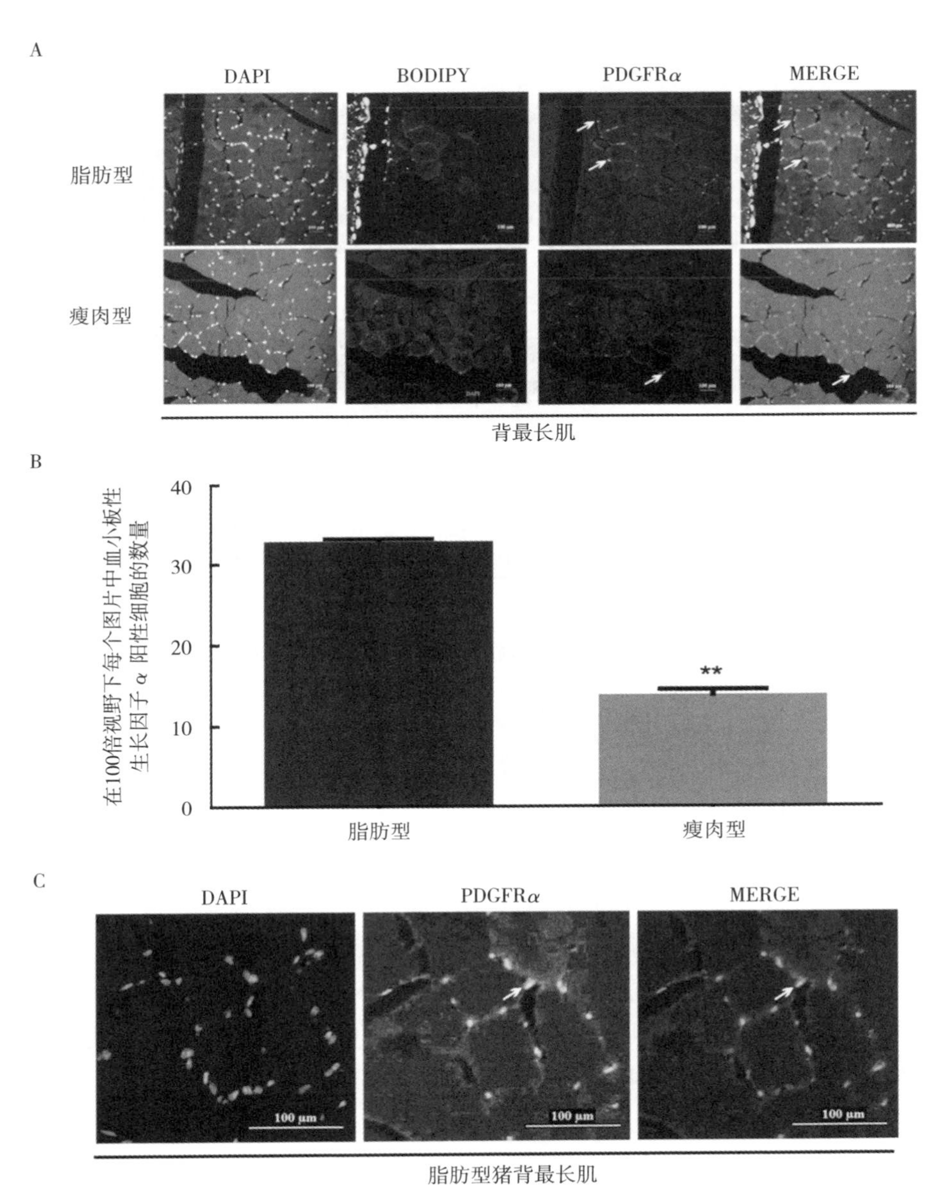
A
DAPI
BODIPY
PDGFRα
MERGE
脂肪型
瘦肉型
背最长肌
B
在100倍视野下每个图片中血小板性生长因子α阳性细胞的数量
40
30
20
10
0
**
脂肪型
瘦肉型
C
DAPI
PDGFRα
MERGE
100 μm
100 μm
100 μm
脂肪型猪背最长肌

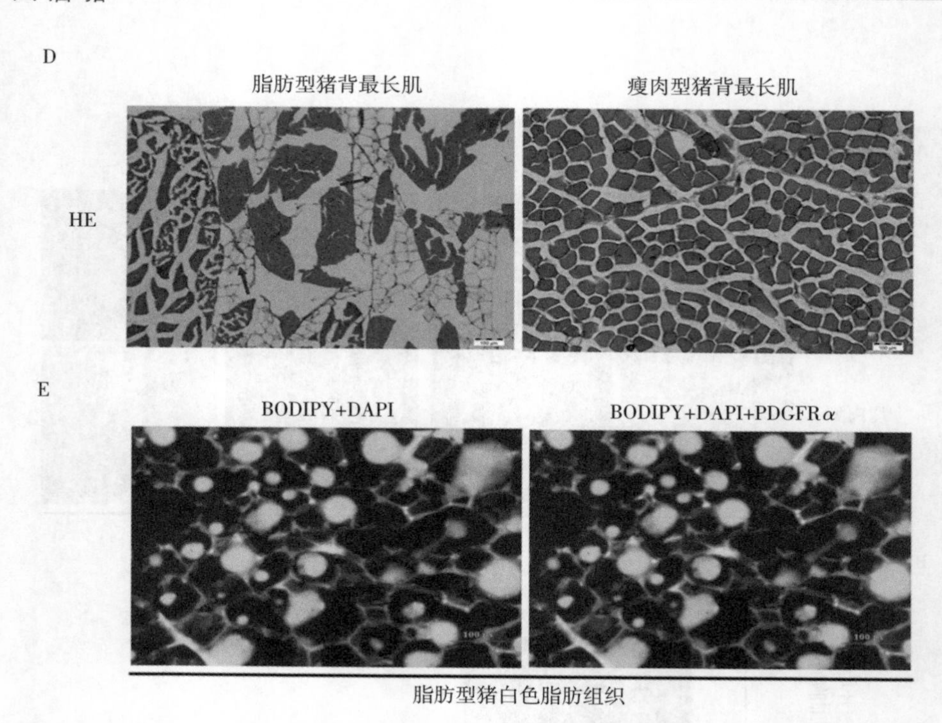

图 9-12　八眉猪肌内脂肪细胞数高于大白猪（引自孙运梅等，2017）
DAPI：4′，6-二脒基-2-苯基吲哚；BODIPY：氟化硼二吡咯；PDGFRα：血小板源性生长因子受体α；MERGE：合并

2018 年孙运梅等基于 lncRNA 测序解析了我国西部地区肉质优良地方品种八眉猪脂肪沉积的特性，鉴定了差异调控脂肪型八眉猪和瘦肉型大白猪肌内脂肪沉积相关的 lncRNAs，发现 lnc_000414 明显促进猪肌内脂肪细胞增殖（图 9-13）。在该研究中，作者选择了两个品种的三只仔猪分离其背最长肌的肌内前体脂肪细胞，并在肌内前体脂肪细胞分化期间的四个阶段（0、2、4 和 8d）进行 RNA 测序，测序结果显示共鉴定出 1 932 个 lncRNA（760 个新的），作者并在其中筛选了与脂肪合成密切相关的 lnc_000414。这些新发现将为改善猪肉质量和提高养猪效率提供新的目标。

近年来，过度追求引入品种较高的生长速度和瘦肉率，而忽略我国地方猪品种种质资源开发利用，导致地方优秀品种资源丢失，使我国猪育种业在国际竞争中缺少核心竞争力。因此，我国猪育种人员必须要重视我国优良的地方畜种资源，进一步探索八眉猪肉质好、抗逆性强和繁殖力高等重要经济性状形成的分子机制，最终在保持八眉猪这一优秀的地方品种优异经济性状的情况下与引入品种杜洛克、大约克、长白等瘦肉型良种猪进行杂交，生产商品杂优猪，满足消费者对优质健康猪肉的需求。

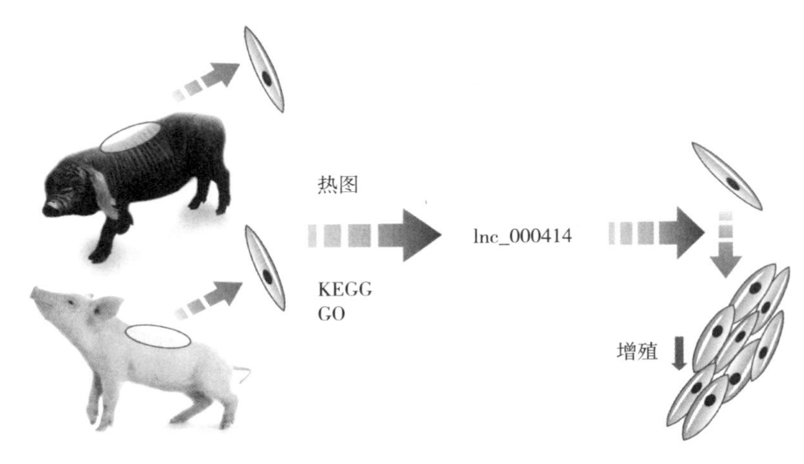

图 9-13　脂肪型和瘦肉型猪肌内脂肪细胞 lncRNA-Seq
（引自孙运梅等，2018 ）

KEGG（Kyoto Encyclopedia of Genes and Genomes 的缩写），是处理基因组、生物通路、疾病、药物和化学物质之间联系的集成数据库；GO（ Gene Ontology 的缩写 ），基因本体，用来描述基因在分子、细胞和组织水平的功能体现

主要参考文献

蔡宝祥，1993. 动物传染病诊断学［M］. 南京：江苏科学技术出版社.

蔡宝祥，1996. 家畜传染病学［M］. 北京：中国农业出版社.

陈倍技，邹家祥，1991. 传统猪场实行工厂化养猪的猪舍改造和生产工艺设计［J］. 畜牧与兽医（1）：30-31.

陈国福，2013. 第2讲：生猪饲养管理篇之现代猪场规划设计的细节问题（四）［J］. 黑龙江畜牧兽医（14）：54-56.

陈焕春，2000. 规模化猪场疫病控制与净化［M］. 北京：中国农业出版社.

陈耀春，1993. 中国动物疫病志［M］. 北京：科学出版社.

戴恩虎，2017. 规模化猪场的选址和规划设计［J］. 今日畜牧兽医（7）：59.

戴丽荷，胡锦平，褚晓红，等，2013. *FSHβ* 基因多态性及对不同品种猪繁殖性状的影响［J］.浙江农业学报，25（3）：461-466.

董和，滚双宝，马艳萍，等，2016. 不同父本对“八眉”猪年生产能力的影响［J］. 甘肃农业大学学报，5（51）：20-25.

傅绍琪，苟兴理，何明录，1981. 临夏白猪肥育猪典型日粮配方的研究Ⅰ［J］. 甘肃畜牧兽医（2）：5-8，24.

巩永成，2011. 八眉猪杂交育肥试验初报［J］. 甘肃农业科技（1）：42-43.

古少波，杜倩，舒丹，等，2017. 猪 *Nramp*1 基因内含子 6 多态性与仔猪腹泻的相关性［J］. 浙江农业学报，29（6）：882-887.

郭远玉，2013. 互助八眉猪不同杂交组合二元母猪的筛选及其利用［D］. 西宁：青海大学.

郭远玉，侯生珍，杨葆春，等，2012. 3个品种的杂交父本对青海互助八眉猪繁殖性能的影响［J］. 安徽农业科学，40（23）：11697-11698，11701.

胡仓云，马兰花，祁生奎，2011. 湟中县八眉猪现状调查报告［J］. 上海畜牧兽医通讯，43（1），52-53.

胡建华，高骏，孙凤萍，等，2004. 猪繁殖与呼吸综合征诊断技术研究进展（综述）［J］. 上海农业学报，20（2）：106-108.

胡明德，2004. 青海八眉猪及其杂交组合不同胎次的繁殖性能研究［J］. 青海畜牧兽医杂志（6）：1-2.

黄润森，1982. 宁夏八眉猪（二八眉）育肥试验报告［J］. 宁夏农业科技（4）：30-31.

黄润森，胡诗德，汤效忠，等，1983. 八眉猪利用方法的研究（一）［J］. 宁夏农林科技（1）：38-40.

黄润森，汤效忠，李安民，等，1984. 八眉猪利用方法的研究（三）［J］. 宁夏农林科技（5）：39-40.

靳义超，2006. 青海八眉猪种质资源的保护利用［J］. 猪业科学（11）：70-74.
寇云军，2014. 猪青粗饲料的饲喂及其注意事项［J］. 现代畜牧科技（7）：65-65.
雷致中，1979. 八眉猪的肥育性能和胴体品质的研究［J］. 畜牧兽医简讯（3）：1-6.
李安军，2015. 建立以猪的营养需要为基础的“三标准”体系——沟通饲料和养殖行业的基础方案［J］，中国猪业（z1）：151-153.
李碧春，路兴中，1989. 八眉猪额纹类型与产仔力的关系研究［J］. 扬州大学学报，10（2）：63-64.
李俊霞，2015. 猪能量饲料、蛋白饲料和粗饲料的特点［J］. 现代畜牧科技（2）：35-35.
梁晓兵，2014. 日粮中添加燕麦青干草粉对青海八眉二元母猪繁殖性能的影响研究［D］. 西宁：青海大学 .
林传星，张晓鸣，朱克峻，等，2015. 猪的配合饲料和饲料配合技术［J］. 饲料与畜牧·规模养猪（6）：35-37.
刘波，陈倩倩，陈峥，等，2017. 饲料微生物发酵床养猪场设计与应用［J］. 家畜生态学报，38（1）：73-78.
刘京堂，2007. 猪常用饲料的选择使用［J］. 农民科技培训（6）：29-30.
刘孟洲，2007. 猪的配套系育种与甘肃猪种资源［M］. 兰州：甘肃科学技术出版社 .
刘永福，2008. 八眉猪品种资源现状与保护利用对策［J］. 安徽农业科学，36（26）：11348-11349.
柳万生，路兴中，刘孝惇，等，1990. 关中黑猪和八眉猪泌乳性能的研究［J］. 西北农林科技大学学报（3）：51-56.
卢光花，田得红，岳炳辉，2011. 青海互助八眉猪血液生理生化指标的测定［J］. 甘肃畜牧兽医，41（5）：17-20.
陆炳福，1980. 八眉猪生长发育试验研究［J］. 甘肃畜牧兽医（4）：22-25.
陆承平，2007. 兽医微生物学［M］. 4 版 . 北京：中国农业出版社 .
麻多杰，2011. 八眉猪养殖技术［J］. 中国畜牧兽医文摘，27（2）：50-50.
马国林，2013. 猪营养饲料的配制及饲养新法［J］. 畜牧兽医科技信息（1）：77-78.
庞卫军，白亮，杨公社，2006. 西部地区主要猪种 *H-FABP* 基因多态性，IMF 含量及不同基因型脂肪细胞脂滴量的关系［J］. 遗传学报，33（6）：42-51.
庞卫军，杨公社，曹景峰，等，2004. 猪 H-FABP 基因 PCR-RFLP 分子标记研究 . 西北农林科技大学学报，32（7）：11-15.
乔有成，张万元，2010. 互助八眉猪纯繁与杂交的繁殖性能研究［J］. 畜牧与兽医，42（9），42-45.
秦崇德，Chris Chase，2006. 七种病毒性和细菌性猪病的概述［J］. 国外畜牧学（猪与禽），26（2）：20-27.
秦玉昌，杨俊成，李志宏，等，2001. 几种不同类型饲料的加工方法［J］. 饲料广角（1），27-30.
任颖，2016. 规模化猪场的设计规划［J］. 小作家选刊（6）：232.
田海宁，刘永福，杨葆春，2011. 青海八眉猪与长白猪杂交试验研究［J］. 黑龙江畜牧兽医（11）：56-57.
田海宁，杨葆春，陈海辉，2016. 青海八眉猪及其二元母猪的繁殖性能研究［J］. 畜牧与兽医，48（5）：53-55.
汪得君，赵玉琴，殷林，2014. 八眉猪、斯格猪及斯八猪繁殖性能测定［J］. 养猪（3）：79-80.
王春福，2011. 从猪场规划设计的角度探讨减少环境污染的途径［J］. 中国猪业（9）：56-57.
王国梅，母童，金丽，等，2016. 八眉猪 DQB 基因多态性及其与仔猪腹泻的相关性研究［J］.黑龙江畜牧兽医（15）：36-40.
王怀禹，2017. “南猪北养”重建标准化规模猪场应注意的问题［J］. 猪业科学，34（6）：52-54.
王林云，张金枝，2007. 现代中国养猪［M］. 北京：金盾出版社.
魏泽辉，2002. 黔北黑猪、里岔黑猪等六个中国地方品种猪的 RAPD 分析［D］. 南宁：广西大学.
吴彦虎，路兴中，1994. 八眉猪蛋白质多态位点上的遗传分化. 西北农业大学学报（3）：24-29.
吴增坚，2005. 养猪场猪病防治［M］. 北京：金盾出版社.
熊本海，罗清尧，赵峰，2016. 中国饲料成分及营养价值表（2016 年第 27 版）制订说明［J］.中国饲料（21）：33-43.
杨葆春，滚双宝，2007. 青海八眉猪现状与活体保护方法［J］. 青海畜牧兽医杂志，37（6）：21-22.
杨葆春，侯生珍，刘永福，2012. 青海八眉二元杂种母猪繁育性能研究［J］. 畜牧与兽医，44（12）：34-37.
杨葆春，刘永福，2009. 八眉猪肥育和胴体性能及与部分品种的比较分析［J］. 安徽农业科学，37（30）：14713-14714.
杨葆春，刘永福，雷云，2011. 青海八眉猪杂交繁育的生产性能测定［J］. 畜牧与兽医，43（9）：35-37.
杨葆春，周继平，吴克选，等，2010. 不同杂交组合猪的肥育与胴体性能测定［J］. 黑龙江畜牧兽医（3）：52-53.
杨公社，2007. 猪生产学［M］. 北京：中国农业出版社.
杨公社，高整团，刘艳芬，等，1994. 八眉猪肉脂品质研究［J］. 中国农业科学，27（5）：63-68.
杨汉春，朱连德，孙德林，等，2016. 规模化猪场伪狂犬病的控制与净化［J］. 猪业科学，33（2）：11.
冶占顺，包淑英，2008. 八眉猪的保种与利用［J］. 中国畜牧兽医，35（9）：148-150.
佚名，2012. 生猪日粮配制六大原则［J］. 中国猪业（12）：42-42.
易烈运，舒娟，罗细芽，等，2017. 规模化生猪智能饲喂系统设计［J］. 饲料工业，38（7）：15-18.
尹汉周，2015. 万头现代化猪场规划设计及成本效益分析［D］. 大庆：黑龙江八一农垦大学.
张明海，李新春，夏振峰，等，2009. 陕西八眉猪品种资源保护与开发利用研究［J］. 黑龙江畜牧兽医（9）：35-37.

张庆东，2014. 建设标准化养猪场规划设计要点［J］. 畜牧与兽医，46（7）：141-142.

张庆东，耿如林，戴晔，2013. 规模化猪场清粪工艺比选分析［J］. 中国畜牧兽医，40（2）：232-235.

赵全邦，2007. 青海八眉猪五种血液无机离子含量的测定［J］. 青海畜牧兽医杂志，37（1）：12-14.

赵子龙，2014. 八眉猪及其不同杂交组合肉质特性分析［D］. 杨凌：西北农林科技大学.

周炀玲，章杰，2016. 我国猪场环保规划设计概况及防污减排措施［J］. 中国猪业，211（1）：60-62.

朱红强，2013. 八眉猪保种模式初探［J］. 中兽医医药杂志，32（4）：55-57.

Chen G.，Sui Y.，Chen S.，2014. Detection of flavor compounds in longissimus muscle from four hybrid pig breeds of *Sus scrofa*，Bamei pig，and Large White［J］. Biosci. Biotechnol. Biochem.，78：1910-1916.

Pang W. J.，Yu T. Y.，Bai L. et al，2009. Tissue expression of porcine FoxO1 and its negative regulation during primary preadipocyte differentiation［J］. Mol. Biol. Rep.，36：165-176.

Pang W. J.，Wang Y.，Wei N. et al，2013. Sirt1 inhibits akt2-mediated porcine adipogenesis potentially by direct protein-protein interaction［J］. PLoS. One，8：e71576.

Pang W. J.，Wei N.，Wang，Y. et al，2014. Obese and lean porcine difference of FoxO1 and its regulation through C/EBPbeta and PI3K/GSK3beta signaling pathway［J］. J. Anim. Sci.，92：1968-1979.

Straw B. E.，Zimmerman J. J.，Allaire S. D.，et al. 2008. 猪病学［M］. 第9版. 赵德明，张仲秋，沈建忠，等，译. 北京：中国农业大学出版社.

Sun Y. M.，Qin J.，Liu S. G. et al，2017. PDGFR alpha regulated by miR-34a and FoxO1 promotes adipogenesis in porcine intramuscular preadipocytes through Erk signaling pathway［J］. Int. J. Mol. Sci.，18（11）：2424.

Sun Y. M.，Chen X. C.，Qin，J. et al，2018. Comparative analysis of long noncoding RNAs expressed during intramuscular adipocytes adipogenesis in Fat-Type and Lean-Type pigs［J］.J. Agric. Food. Chem.，66：12122-12130.

Zhang G. H.，Lu J. X.，Chen Y. et al，2014. Comparison of the adipogenesis in intramuscular and subcutaneous adipocytes from Bamei and Landrace pigs. Biochem［J］. Cell Biol.，92：259-267.

Zhou J. P.，Wu G. F.，Xiang A. Q. et al，2016. Association analysis between carcass weight and meat quality of Bamei pigs［J］. Genet Mol. Res.，15（3）：1-8.

附　　录

附录一　《八眉猪》（NY/T 2823—2015）

1　范围

本标准规定了八眉猪的中心产区与分布、体型外貌、生产性能、测定方法、种猪合格判定和种猪出场条件等。

本标准适用于八眉猪的品种鉴别。

2　规范性引用文件

下列文件对于本文件的应用是必不可少的。凡是注日期的引用文件，仅注日期的版本适用于本文件。凡是不注日期的引用文件，其最新版本（包括所有的修改单）适用于本文件。

GB 16567 种畜禽调运检疫技术规范

NY/T 820 种猪登记技术规范

NY/T 821 猪肌肉品质测定技术规范

NY/T 822 种猪生产性能测定规程

NY/T 825 瘦肉型猪胴体性状的测定技术规范

3　中心产区与分布

八眉猪中心产区位于陕西省泾河流域、甘肃省陇东和宁夏回族自治区固原地区，主要分布于陕西省、甘肃省、宁夏回族自治区、青海省，在内蒙古自治区和山西省邻近区域亦有分布。

4　体型外貌

4.1　外貌特征

八眉猪体型中等大小，体躯呈长方形，被毛黑色。头较狭长，额有纵行“八”字皱纹，纹细而浅。耳大下垂，耳长与嘴齐或超过鼻端。鬃毛坚硬，长10 cm左右。背腰窄长，腹大下垂，尻斜。腿臀欠丰满，后肢多卧系。母猪尾根低、粗尖、稍扁。有效乳头数6对以上。八眉猪的外貌特征参见附录A。

4.2　体重体尺

4.2.1 成年公猪：平均体重100 kg，平均体长124 cm，平均体高66 cm。

4.2.2 成年母猪：平均体重88 kg，平均体长119 cm，平均体高58 cm。

5　生产性能

5.1　繁殖性能

5.1.1 母猪初情期3月龄至4月龄，适配月龄6月龄至7月龄；公猪30日龄有性行为，适配月龄6月龄至8月龄。

5.1.2 初产母猪总产仔数8头，产活仔数7头；经产母猪总产仔数12头，产活仔数11头。

5.2　生长发育

后备公猪2月龄体重达12 kg，6月龄体重达23 kg；后备母猪2月龄体重达12 kg，6月龄体重达24 kg。

5.3　肥育性能

12.13～13.18 MJ/kg，粗蛋白10%～12%，八眉猪20～90 kg平均日增重为410 g。饲料转化率为4.1。

5.4　胴体性状与肌肉品质

肥育猪80～90kg时屠宰率67%～71%，平均背膘厚33～36mm，胴体瘦肉率42%～45%，肌内脂肪6.1%～6.9%。

6　测定方法

6.1　繁殖性能按照NY/T 820的规定进行测定。

6.2　肥育性能参照NY/T 822的规定进行测定。

6.3　胴体性状、肌肉品质分别参照NY/T 825、NY/T 821的规定进行测定。

7 种猪合格判定

符合本品种特征，健康状况良好；外生殖器发育正常，无遗传疾患和损征；来源和血缘清楚，系谱记录齐全。

8 种猪出场条件

8.1 符合种用要求。

8.2 出场年龄在 2 月龄以上，种猪来源及血缘清楚，档案系谱记录齐全。

8.3 种猪出场有合格证，并按照 GB 16567 要求出具检疫合格证，耳号清楚，档案准确齐全。

8.4 有出场鉴定人员签字。

附录 A

（资料性附录）

八眉猪图片

A.1 种猪头部

见图 A.1。

种公猪

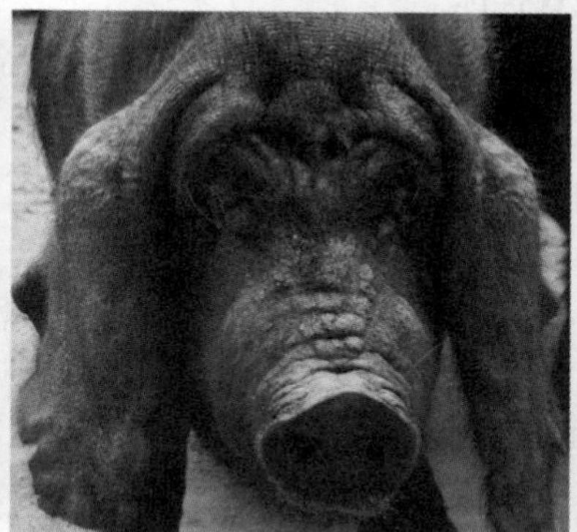
种母猪

图 A.1 种猪头部

A.2　种猪侧面

见图 A.2。

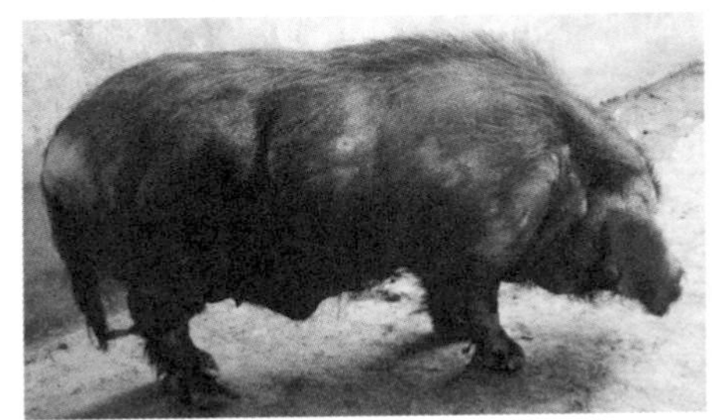

种公猪

种母猪

图 A.2　种猪侧面

A.3　种猪臀部

见图 A.3。

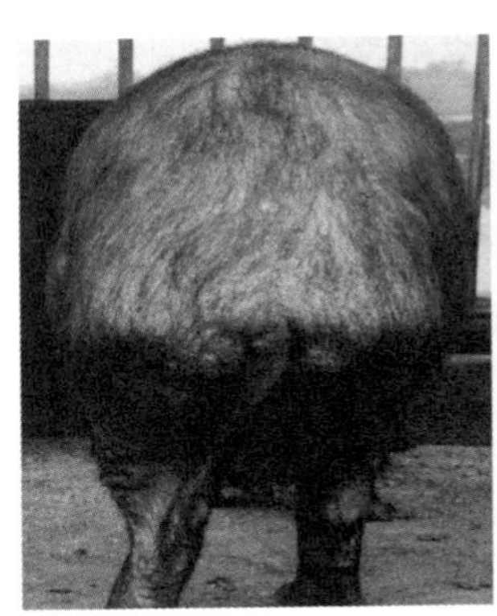

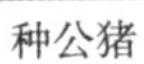

种公猪

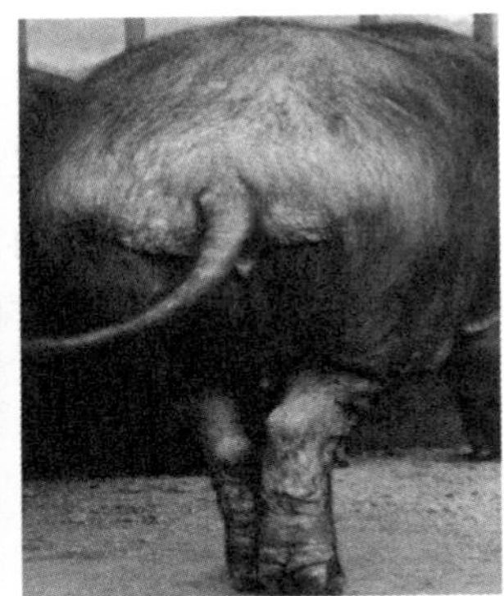

种母猪

图 A.3　种猪臀部

附录二　八眉猪品种编码、个体编号系统与耳缺剪法

1　八眉猪品种编码

八眉猪品种编码为 BM。

2　八眉猪个体编号系统

个体号实行全国统一的编号系统，编号系统由 15 位字母和数字构成。

具体编号原则为：

——前两位用英文字母表示品种；

——第三位至第七位用英文字母或数字表示场号（由农业农村部统一认定）及分场号；

——第八至九位用公元年份最后二位数字表示个体出生时的年度；

——第十至十三位用数字表示场内窝序号；

——第十四至十五位用数字表示窝内个体号，公猪用奇数表示、母猪用偶数表示。

3　耳缺剪法

对猪个体编号用电子耳标标识，同时辅以剪耳缺。耳缺为个体号的最后六位，即窝序号和窝内个体号，具体剪法如下图所示。

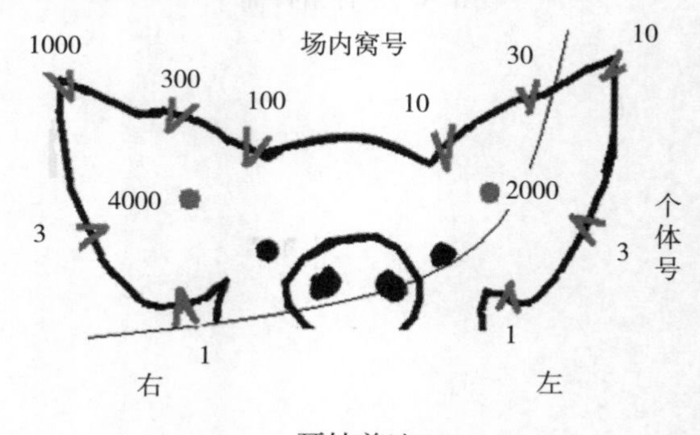

耳缺剪法

附录三　专业术语与定义

1　初生重（weight at birth）

仔猪初生时的个体重，在出生后12h内测定。只测定出生时存活仔猪的体重。全窝存活仔猪体重之和为初生窝重。

2　活体重（live weight）

停料12h后的活体重量。

3　体长（body length）

枕骨嵴至尾根的距离，用软尺自两耳根后缘连线中点沿背线紧贴体表量至尾根处。

4　体高（height at withers）

鬐甲最高点至地面的垂直距离，用硬尺或测杖量取。

5　背高（back height）

背部最凹处至地面的垂直距离，用硬尺或测杖量取。

6　胸围（girth of chest）

切于肩胛软骨后角的胸部垂直周径，用软尺紧贴体表量取。

7　胸深（depth of chest）

切于肩胛软骨后角的背至胸部下缘的垂直距离，用硬尺或测杖量取。

8　腹围（girth of paunch）

腹部最粗处的垂直周径，用软尺紧贴体表量取。

9　管围（circumference of cannon bone）

左前肢管部最细处的周径，用软尺紧贴体表量取。

10 腿臀围（girth of ham）

自左侧膝关节前缘，经肛门，绕至右侧膝关节前缘的距离，用软尺紧贴体表量取。

11 活体背膘厚（live back fat thickness）

测定倒数第3、4肋间距背中线5cm处垂直于背部皮下脂肪的厚度，以毫米（mm）为单位。可采用B超进行测定。

12 活体眼肌面积（live loin eye area）

测定倒数第3、4肋间距背中线5cm处垂直于背部背最长肌的横断面面积，以平方厘米（cm^2）为单位。可采用B超进行测定。

13 总产仔数（total number born）

出生时同窝的仔猪总数，包括死胎、木乃伊和畸形猪在内。

14 产活仔数（number born alive）

出生时同窝存活的仔猪数，即总产仔数减去死胎、木乃伊和产后24h内死亡的仔猪数。

15 死胎数（number born died）

胚胎发育后期死亡的仔猪数，包括分娩过程中死亡的仔猪数。

16 畸形数（number of abnormality）

出生时是活的，但有遗传或病态缺陷的仔猪数。

17 木乃伊数（number of mummy）

胚胎发育前期死亡的仔猪数。

18 断奶窝重（weaning weight of litter）

断奶时的全窝仔猪体重之和，包括寄养进来的仔猪在内，但寄出仔猪的体重不计在内。寄养应在母猪分娩和仔猪出生3d内完成，注明寄养情况。

19　育成仔猪数（number of foster）

断奶时同窝仔猪的头数，包括寄入的在内，并注明寄养头数。

20　哺育率（mothering ability）

育成仔猪数占产活仔数的百分比。如有寄养情况，应在产活仔数中扣除寄出仔猪数，加上寄养进来的仔猪数，其计算公式为：

$$\text{哺育率（\%）}=\frac{\text{育成仔猪数}}{\text{产活仔数}-\text{寄出仔猪数}+\text{寄入仔猪数}}\times 100$$

21　料重比（feed conversion ratio）

测定期间每单位增重所消耗的饲料量。

22　日增重（average daily gain）

测定期间的日均增重，用g（克）表示。其计算公式为：

$$\text{日增重}=\frac{\text{终测体重}-\text{始测体重}}{\text{测定期天数}}$$

附　表

附表 1　基本信息 1

登记单位					
电话		传真			
邮编					
电子邮箱					
联系地址				登记日期	

附表 2　基本信息 2

个体编号		耳缺				
品种/品系		类群				
出生日期		性别				
出生胎次		同窝活仔数				
初生重（kg）		乳头数	左		右	
遗传损征		进场日期				
出生地点		原场编号				
离场日期		离场原因				
备注						

附表 3　系谱信息

父：		父父：		父父父：	
				父父母：	
		父母：		父母父：	
				父母母：	
母：		母父：		母父父：	
				母父母：	
		母母：		母母父：	
				母母母：	

附表 4 生长性能

测定时间	体重（kg）	体尺（cm）								活体背膘厚（mm）	活体眼肌面积（cm^2）
		体长	体高	背高	胸围	胸深	腹围	管围	腿臀围		

附表 5 种猪繁殖性能登记表 1

登记单位					
电话		传真		个体号	
邮编				耳缺	
电子邮箱				出生日期	
联系地址				登记日期	

附表 6 种猪繁殖性能登记表 2

配种日期	与配品种	公猪号	配种方式*	胎次	产仔记录							寄养		断奶		
					日期	总仔数	活仔数	死胎	畸形	木乃伊	窝重（kg）	寄出	寄入	日龄	头数	窝重（kg）

*：A 为人工授精，N 为自然交配。

附表7 公猪采精信息登记表1

登记单位					
电话		传真			
邮编					
电子邮箱					
联系地址				登记日期	

附表8 公猪采精信息登记表2

个体编号	耳缺	采精日期	采精次数	采精量（mL）	精子密度（亿/mL）	精子活力（%）	精子畸形率（%）

附表9 肥育性能登记表

个体编号	耳缺	始测日期	始测体重（kg）	终测日期	终测体重（kg）	全程耗料（kg）	料重比	日增重（g）

备注：前期饲料中各营养成分的含量：CP __%，DE __ MJ/kg，CF __%，Lys __%，Ga __%，P __%；后期饲料中各营养成分的含量：CP __%，DE __ MJ/kg，CF __%，Lys __%，Ga __%，P __%。

附表 10　胴体与肉质性状登记表

测定日期：____年____月____日

个体编号	宰前活重（kg）	胴体重（kg）		背膘厚*（mm）			6～7肋处皮厚（mm）	眼肌面积（cm^2）	胴体长（cm）	皮重（kg）	骨重（kg）	肥肉重（kg）	瘦肉重（kg）	肉色**		pH_1	pH_{24}	滴水损失（%）	大理石纹	肌内脂肪含量（%）	肌肉含水量（%）
		右	左	点 1	点 2	点 3								评分	测定						

*：点 1 为肩部最厚处，点 2 为最后肋骨处，点 3 为腰荐结合部；**：肉色测定方法；pH_1 和 pH_{24}分别表示宰后 1h 与 24h 测定的 pH。

附表 11　种猪变更登记表 1

登记单位				
电话		传真		
邮编				
电子邮箱				
联系地址			登记日期	

附表 12　种猪变更登记表 2

个体号	耳缺	变更日期	变更原因	
			转群*	售出或淘汰**

*：注明转入舍号与栏号；**：0 表示售出，1 表示主动淘汰，2 表示因为伤残淘汰，3 表示因病或者死亡淘汰。